Ausgewählte Resultate

zur

Arithmetik für Gymnasien

von

Prof. Dr. Herm. Schubert

und

Adolf Schumpelick

Zweites Heft

Leipzig
G. J. Göschen'sche Verlagshandlung
1908

Spamersche Buchdruckerei in Leipzig.

Vorwort.

Wie schon im Vorwort der „Arithmetik für Gymnasien" erwähnt ist, enthält dieses Heft nur die Resultate von solchen Aufgaben, „bei welchen eine Beruhigung des Schülers über die Richtigkeit der gefundenen Lösung wünschenswert erscheint, bei welchen jedoch die Kenntnis des Resultats ihm die Denkarbeit nicht abnimmt".

Da an vielen Schulen vierstellige Logarithmentafeln die fünfstelligen verdrängt haben, ist für jede Aufgabe der §§ 36 und 37 (Logarithmen und Zinseszinsrechnung) neben dem Resultat für fünfstellige Rechnung in Klammern das Resultat für vierstellige Rechnung angegeben.

Hamburg, im August 1908.

Hermann Schubert. **Adolf Schumpelick.**

Fünfter Abschnitt.

§ 25.

Das Quadrieren und seine Umkehrung.

78) 17'943696. 79) 1'054729. 80) 152'423716.

91) $a^4 - 6a^3b + 19a^2b^2 - 30ab^3 + 25b^4$.

92) $a^4 - 2a^3 - a^2 + 2a + 1$.

93) $a^6 + 6a^5 + 15a^4 + 20a^3 + 15a^2 + 6a + 1$.

94) $x^6 - 4x^5 + 2x^4 + 2x^3 + 5x^2 + 2x + 1$.

95) $1 + x + \frac{5x^4}{64} - \frac{x^5}{64} + \frac{x^6}{256}$.

96) $1 - x + \frac{5x^4}{64} + \frac{x^5}{64} + \frac{x^6}{256}$.

102) 134. 103) 156. 104) 369. 105) 456. 106) 2367.
107) 2714. 108) 7861. 109) 2365. 110) 9999. 111) 29438.
112) 675122. 113) 473252. 114) 69'538100.
115) 50039. 116) 1003. 117) 300105.
125) 33,7. 126) 3,37. 127) 4,236.
133) $50\frac{2}{3}$. 134) $238\frac{94}{337}$. 135) $857\frac{1}{7}$.
136) $1\frac{7}{43}$. 137) $3\frac{7}{69}$. 138) $7\frac{5}{73}$.
139) $\frac{202}{23700}$. 140) e) 2322; f) 3752.
144) a) 7569; b) 478864; c) 5'779216; d) 435'640384.
145) a) 87^2 und 88^2; b) 87^2 und $(87,1)^2$.
146) a) 691^2 und 692^2; b) $(691,6)^2$ und $(691,7)^2$.
147) a) 2583^2 und 2584^2; b) $(2583,2)^2$ und $(2583,3)^2$.
148) a) 667^2 und 668^2; b) 667^2 und $(667,1)^2$.
149) a) 14^2 und 15^2; b) $(14,9)^2$ und 15^2.
150) a) 65^2 und 66^2; b) $(65,4)^2$ und $(65,5)^2$.
151) a) $(1,41)^2$ und $(1,42)^2$; b) $(1,414)^2$ und $(1,415)^2$;
c) $(1\frac{289}{700})^2$ und $(1\frac{290}{700})^2$.
152) a) $(1,73)^2$ und $(1,74)^2$; b) $(1,732)^2$ und $(1,733)^2$;
c) $(1\frac{512}{700})^2$ und $(1\frac{513}{700})^2$.
153) a) $(2,23)^2$ und $(2,24)^2$; b) $(2,236)^2$ und $(2,237)^2$;
c) $(2\frac{165}{700})^2$ und $(2\frac{166}{700})^2$.
154) a) $(6,24)^2$ und $(6,25)^2$; b) $(6,244)^2$ und $(6,245)^2$;
c) $(6\frac{171}{700})^2$ und $(6\frac{172}{700})^2$.

155) a) $(9{,}11)^2$ und $(9{,}12)^2$; b) $(9{,}11)^2$ und $(9{,}111)^2$;
c) $(9\frac{77}{700})^2$ und $(9\frac{78}{700})^2$.
156) a) $(14{,}89)^2$ und $(14{,}9)^2$; b) $(14{,}899)^2$ und $(14{,}9)^2$;
c) $(14\frac{629}{700})^2$ und $(14\frac{630}{700})^2$.
157) a) $(68{,}72)^2$ und $(68{,}73)^2$; b) $(68{,}724)^2$ und $(68{,}725)^2$;
c) $(68\frac{506}{700})^2$ und $(68\frac{507}{700})^2$.
158) a) $(1{,}52)^2$ und $(1{,}53)^2$; b) $(1{,}529)^2$ und $(1{,}53)^2$;
c) $(1\frac{37}{70})^2$ und $(1\frac{371}{700})^2$.
159) a) $(0{,}64)^2$ und $(0{,}65)^2$; b) $(0{,}648)^2$ und $(0{,}649)^2$;
c) $(\frac{453}{700})^2$ und $(\frac{454}{700})^2$.
160) a) $(2{,}06)^2$ und $(2{,}07)^2$; b) $(2{,}061)^2$ und $(2{,}062)^2$;
c) $(2\frac{43}{700})^2$ und $(2\frac{44}{700})^2$.
161) a) $(8{,}41)^2$ und $(8{,}42)^2$; b) $(8{,}412)^2$ und $(8{,}413)^2$;
c) $(8\frac{289}{700})^2$ und $(8\frac{29}{70})^2$.

169) $3x^2 - 2x + 7$. 170) $2x^3 - x + 3$.
171) $x^3 + x^2y + xy^2 + y^3$. 172) $3ab + 4ac + 5bc$.
173) $3a^2b - ac^2 + bc^2$. 174) $4x^3 + \frac{1}{2}x^2 + 2x - 5$.
175) $x^4 - 3x^3 - 7x + 1$. 176) $11x^3 + 7x^2 + 5x + 2$.
177) $2pq - 10qs + 14ps$. 178) $1\frac{1}{3}a - 5b - 3c$.
179) $\frac{a}{5p} - \frac{p}{2} + \frac{3p}{a}$. 180) $p^2 + p + \frac{1}{p} + \frac{1}{p^2}$.
181) $x + 1$. 182) $x - 1$.
208) 93. 209) 45,7. 210) $1\frac{1}{2}$. 211) $13\frac{1}{2}$. 212) $-5{,}6$.
213) 25,6. 214) 0,6. 215) 219. 216) $6\frac{5}{6}$.

§ 26.

Einfache quadratische Gleichungen.

22) $x = \pm 194$. 23) $x = \pm 2070$.
24) $x = \pm 909$. 25) $x = \pm 707$.
31) $x_1 = 6$, $x_2 = -2$. 32) $x_1 = +7$, $x_2 = -1$.
33) $x_1 = 3$, $x_2 = -11$. 34) $x_1 = 7$, $x_2 = -2$.
35) $x_1 = 13$, $x_2 = -6$. 36) $x_1 = 5$, $x_2 = 1$.
37) $x_1 = 8$, $x_2 = 3$. 38) $x_1 = 16$, $x_2 = 4$.
39) $x_1 = 13$, $x_2 = 3$. 40) $x_1 = -5$, $x_2 = -3$.
41) $x_1 = -14$, $x_2 = -15$. 42) $x_1 = -3$, $x_2 = -70$.
43) $x_1 = -4$, $x_2 = -21$. 44) $x_1 = 21$, $x_2 = 4$.
45) $x_1 = 3$, $x_2 = -28$. 46) $x_1 = 28$, $x_2 = -3$.
47) $x_1 = 17$, $x_2 = 13$. 48) $x_1 = -13$, $x_2 = -17$.
49) $x_1 = 136$, $x_2 = 9$. 50) $x_1 = 8$, $x_2 = -153$.
51) $x_1 = 153$, $x_2 = -8$. 52) $x_1 = -9$, $x_2 = -136$.
53) a) $x_1 = -40$, $x_2 = -33$; b) $x_1 = 40$, $x_2 = +33$;
c) $x_1 = +15$, $x_2 = -88$; d) $x_1 = 88$, $x_2 = -15$.
54) a) $x_1 = -12$, $x_2 = -110$; b) $x_1 = 110$, $x_2 = +12$;
c) $x_1 = +10$, $x_2 = -132$; d) $x_1 = 132$, $x_2 = -10$.
55) $x_1 = 5$, $x_2 = -1$. 56) $x_1 = 7$, $x_2 = 6$.

57) $x_1 = 9$, $x_2 = 10$.
58) $x_1 = 15$, $x_2 = 12$.
59) $x_1 = 1$, $x_2 = -\frac{1}{3}$.
59_1) $x_1 = 5$, $x_2 = -4\frac{4}{5}$.
60) $x_1 = 3$, $x_2 = -1\frac{3}{4}$.
61) $x_1 = +1$, $x_2 = -3\frac{2}{5}$.
62) $x_1 = 1$, $x_2 = -\frac{11}{14}$.
63) $x_1 = \frac{1}{2}$, $x_2 = -\frac{2}{3}$.
64) $x_1 = 5$, $x_2 = +1$.
65) $x_1 = \frac{1}{4}$, $x_2 = \frac{1}{7}$.
66) $x_1 = \frac{1}{6}$, $x_2 = \frac{1}{12}$.
67) $x_1 = -\frac{1}{4}$, $x_2 = -\frac{1}{8}$.
68) $x_1 = +\frac{1}{2}$, $x_2 = -\frac{1}{3}$.
69) $x_1 = \frac{1}{2}$, $x_2 = -2$.
70) $x_1 = 3$, $x_2 = -6$.
71) $x_1 = 1\frac{2}{5}$, $x_2 = 1$.
72) $x_1 = 4$, $x_2 = -3$.
73) $x_1 = 1$, $x_2 = -\frac{3}{5}$.
74) $x_1 = \frac{1}{3}$, $x_2 = -\frac{2}{3}$.
75) $x_1 = 3\frac{1}{2}$, $x_2 = \frac{1}{2}$.
76) $x_1 = \frac{5}{9}$, $x_2 = -\frac{1}{2}$.
77) $x_1 = 1$, $x_2 = -\frac{47}{80}$.
78) $x_1 = 2$, $x_2 = -5\frac{1}{4}$.
79) $x_1 = 3$, $x_2 = -3\frac{1}{5}$.
80) $x_1 = 6$, $x_2 = 5\frac{3}{4}$.
81) $x_1 = 1$, $x_2 = -\frac{3}{7}$.
82) $x_1 = 2$, $x_2 = \frac{1}{12}$.
83) $x_1 = 1$, $x_2 = -1\frac{9}{32}$.
84) $x_1 = b$, $x_2 = -(2a + b)$.
85) $x_1 = 3$, $x_2 = \frac{6}{7}$.
86) $x_1 = 1$, $x_2 = -\frac{1}{7}$.
87) $x_1 = 8a - 1$, $x_2 = 1 - 2a$.
88) $x_1 = a$, $x_2 = b$.
89) $x_1 = p$, $x_2 = -q$.
90) $x_1 = 2a$, $x_2 = a - 2b$.
91) $x_1 = -\frac{1}{2}n$, $x_2 = \frac{1}{2}(4a - n)$.
92) $x_1 = \frac{bc}{a}$, $x_2 = -\frac{ac}{b}$.
93) $x_1 = \frac{b}{a}$, $x_2 = -\frac{3b}{2a}$.

135) $(x + 5)(x + 3)$.
136) $(x - 5)(x - 3)$.
137) $(x + 5)(x - 4)$.
138) $(x + 4)(x - 5)$.
139) $(x + 30)(x + 2)$.
140) $(x - 3)(x - 17)$.
141) $(x + 20)(x - 18)$.
142) $(x + 20)(x - 25)$.
143) $(x + 18)(2x - 3)$.
144) $(x + 3)(5x - 7)$.
145) $(2x - 3)(6x - 7)$.
146) $(3x - 5)(5x + 7)$.
147) $(4x - 17)(3x + 13)$.
148) $(2x + 19)(40x + 29)$.
149) $(x - \frac{1}{2})^2$.
150) $(x - \frac{1}{3})(x - \frac{1}{4})$.
151) $(x + \frac{3}{4})(x + \frac{4}{3})$.
152) $(x + e)(x + f)$.
153) $(x - 2a)(x - 3b)$.

163) $x_1 = 0$, $x_2 = 1$.
164) $x_1 = x_2 = 3$.
165) $x_1 = +9$, $x_2 = -9$.
166) $x_1 = 0$, $x_2 = 6$.
167) $x_1 = x_2 = 0$.
168) $x_1 = 0$, $x_2 = -5\frac{3}{4}$.
169) $x_1 = x_2 = -\frac{a}{2}$.

170) +12 oder −12.
171) +1 und −1.
172) +11 oder −1.
173) 8 und 9, oder −7 und −6.
174) +9 und +10, oder −11 und −10.
175) 8 und 9.
176) 45 = 29 + 16.
177) 75.
178) 31.
179) 20 *M.*
180) 20 Personen.
181) 20 Personen.
182) 300 Flaschen Wein.
183) 6 *m* und 24 *m.*
184) 15 *cm* und 19 *cm.*
185) 21 *m.*
186) 25 *m.*
187) 25 *cm.*
188) 5 *cm* und 10 *cm.*

189) a) $n = 30$, $z = 178$; b) $n = 31$, $z = 251$;
c) $n = 58$, $z = 804$; d) $n = 78$, $z = 41$.
190) a) $n = 35$, $a = 5$; b) $n = 34$, $a = 7$;
c) $n = 32$, $a = 8$; d) $n = 40$, $a = 82$.
191) a) $n = \frac{1}{2d}\left(d - 2a \pm \sqrt{(d - 2a)^2 + 8ds}\right)$;
b) $n = \frac{1}{2d}\left(d + 2z \pm \sqrt{(d + 2z)^2 - 8ds}\right)$;
c) $a = \frac{1}{2}\left(d \pm \sqrt{(d + 2z)^2 - 8ds}\right)$;
d) $z = \frac{1}{2}\left(d \pm \sqrt{(d - 2a)^2 + 8ds}\right)$.
192) a) 16 Jahre; b) 575 ℳ. 193) 5 Sekunden.
194) a) $\begin{cases} n_1 = 24, & a_1 = 6, \\ n_2 = 27, & a_2 = -3; \end{cases}$ b) $\begin{cases} n_1 = 12, & a_1 = 91, \\ n_2 = 24, & a_2 = -77. \end{cases}$

§ 27.
Dritte Erweiterung des Zahlengebiets. (Irrationale Quadratwurzeln.)

5) $1{,}732 < \sqrt{3} < 1{,}733$. 6) $2{,}236 < \sqrt{5} < 2{,}237$.
7) $4{,}358 < \sqrt{19} < 4{,}359$. 8) $17{,}320 < \sqrt{300} < 17{,}321$.
9) $31{,}622 < \sqrt{1000} < 31{,}623$. 10) $1{,}581 < \sqrt{2{,}5} < 1{,}582$.
11) $0{,}379 < \sqrt{0{,}144} < 0{,}380$. 12) $1{,}105 < \sqrt{\frac{11}{9}} < 1{,}106$.
13) $17{,}972 < \sqrt{17 \cdot 19} < 17{,}973$. 14) $0{,}447 < \sqrt{\frac{1}{5}} < 0{,}448$.
15) $7{,}810 < \sqrt{25 + 36} < 7{,}811$.
16) a) $2\frac{47}{200}$ und $2\frac{19}{18}$; b) $3\frac{63}{200}$ und $3\frac{127}{400}$;
c) $3\frac{9}{25}$ und $3\frac{145}{400}$; d) $11\frac{9}{200}$ und $11\frac{19}{400}$.
17) $2{,}236\underline{1}$. 18) $2{,}297\underline{4}$. 19) $1{,}772\underline{5}$. 20) $5{,}2450$. 21) $1{,}936\underline{5}$.
22) $0{,}707\bar{1}$. 23) $4{,}\bar{2}426$. 24) $12{,}7279$. 25) $11{,}180\bar{3}$.
26) $0{,}378\underline{0}$. 27) $1{,}633\underline{0}$. 28) $1{,}2990$. 29) $0{,}790\underline{6}$.
30) $1{,}154\bar{7}$. 31) $0{,}024\bar{5}$.
32) a) $\pm 1{,}4142$ und $\pm 1{,}414\bar{3}$; b) $\pm 2{,}6457$ und $\pm 2{,}6458$;
c) $\pm 2{,}2360$ und $\pm 2{,}2361$; d) $\pm 2{,}2360$ und $\pm 2{,}2361$.
33) a) $-3{,}317$; b) $-0{,}816$; c) $-0{,}98\underline{0}$.
34) a) $1{,}414$; b) $2{,}449$; c) $11{,}180$; d) $\bar{3}1{,}62\underline{3}$; e) $432{,}500$;
f) $22{,}383$; g) $0{,}707$; h) $0{,}330$; i) $3{,}464$.
38) $0{,}73$. 39) $0{,}3\underline{2}$. 40) $0{,}12$. 41) $0{,}7\underline{0}$.
42) $1{,}3\underline{2}$, 43) $0{,}4\bar{1}$. 44) $0{,}12$. 45) $0{,}7\bar{\underline{0}}$.
47) a) $\bar{1}\frac{39}{800}$ und $1\frac{781}{16000}$; b) $10\frac{39}{80}$ und $10\frac{781}{1600}$;
c) $1\frac{53}{128}$ und $1\frac{2545}{6144}$.
62) $5\sqrt{5}$. 63) $28\sqrt{11}$. 64) $5\sqrt{2}$. 65) $\sqrt{3}$. 66) 0.
67) $11\sqrt{6}$. 68) $34\sqrt{a}$. 69) $3\sqrt{a+b}$. 70) $\frac{1}{3}\sqrt{6}$. 71) $\frac{1}{12}\sqrt{66}$.
72) $\frac{3}{4}\sqrt{2}$. 73) $\frac{3}{14}\sqrt{6}$. 74) $\frac{1}{2}\sqrt{142}$. 75) $\frac{12}{25}\sqrt{5}$. 76) $\frac{1}{5}\sqrt{35}$.
77) $\frac{17}{100}\sqrt{10}$. 78) $\frac{7}{3}\sqrt{13}$. 79) $\frac{3}{11}\sqrt{33}$.
80) $\frac{5}{4}\sqrt{10}$. 81) $\frac{1}{5}\sqrt{3}$. 82) $4\sqrt{15}$. 83) $\frac{1}{180}\sqrt{3}$.

84) $\sqrt{3}$. 85) $2\sqrt{3} + 5\sqrt{5}$. 86) $-3\sqrt{2}$.

87) $5\sqrt{11} + 7\sqrt{111}$. 88) $10\sqrt{6}$. 89) $20 - 120\sqrt{6} + 27\sqrt{3}$.

90) $\frac{2}{5}\sqrt{10} + \frac{4}{9}\sqrt{3}$. 91) $\frac{1}{3}$. 92) $\frac{7}{3} + 20\sqrt{3}$.

93) $\frac{5}{3}\sqrt{2}$. 94) $\frac{1}{21}\sqrt{14} + \frac{1}{30}\sqrt{30}$.

95) 28. 96) -50. 97) $159 - 45\sqrt{2}$. 98) $67\frac{1}{5} - \frac{27}{5}\sqrt{21}$.

99) $2 + 3\sqrt{2} - \sqrt{6} - 2\sqrt{3}$. 100) $\sqrt{209} + \sqrt{22} - \sqrt{38} - 11$.

101) $\sqrt{55} + \sqrt{14} - \sqrt{77} - \sqrt{10}$.

102) $42\sqrt{2} - 2\sqrt{14} + \sqrt{6} - 3\sqrt{42}$.

103) $5\sqrt{3} + 5\sqrt{6} - 12\sqrt{2} - 12$.

104) $18\sqrt{5} - 9\sqrt{10} + \sqrt{2} - 2$.

105) 4. 106) $\frac{1}{9}$. 107) $-\frac{1}{7}$. 108) $6\frac{1}{4}$. 109) 1.

110) $10 - \frac{3}{2}\sqrt{39}$. 111) $\sqrt{6} + 3\sqrt{2} - 3$.

112) $15\sqrt{10} - 27\sqrt{2} - 4\sqrt{15} + 5\sqrt{3}$. 113) 24. 114) $4\sqrt{6} - 4\sqrt{15}$.

115) $60\frac{1}{4}\sqrt{11} - 11\sqrt{22} + 20\sqrt{33} - 11\sqrt{66} - \frac{11}{3}\sqrt{3} + \frac{11}{4}\sqrt{6} - 26$.

116) $3 + \frac{7}{6}\sqrt{3} + \frac{13}{20}\sqrt{10} + \frac{11}{30}\sqrt{30}$.

117) $3\sqrt{3} + 7\sqrt{7}$. 118) $5\sqrt{5} - 8$. 119) 16.

120) $3 + 2\sqrt{2}$. 121) 24. 122) $0{,}3 - 0{,}2\sqrt{2}$.

123) $17 + 4\sqrt{15}$. 124) $11 - 6\sqrt{2}$. 125) $5 - 2\sqrt{6}$.

126) $4(3 - \sqrt{6} - \sqrt{3} + \sqrt{2})$. 127) $6(11 - 6\sqrt{2})$.

128) $2(27 + 7\sqrt{2} + 7\sqrt{3} + \sqrt{6})$. 129) $2(5 + 3\sqrt{3})$.

130) $2(31\sqrt{2} + 26\sqrt{5})$. 130_1) $42(9\sqrt{7} - 5\sqrt{21})$.

131) $\sqrt{7 - \sqrt{5}}$. 132) $\sqrt{14\sqrt{11} - 28 + 2\sqrt{22} - 11\sqrt{2}}$.

133) $\frac{1}{2}\sqrt{321}$. 134) 7. 135) $\sqrt{57\sqrt{3}}$.

136) $\sqrt{24 + 10\sqrt{2} + \sqrt{6} - 7\sqrt{3}}$ 137) $\sqrt{2(3 + \sqrt{15})}$.

138) $\sqrt{161\sqrt{3} + 117\sqrt{7} + 195\sqrt{21} - 735}$.

139) $2\sqrt{5 + \sqrt{5}}$. 140) $\sqrt{283 + 112\sqrt{6}}$.

141) $\sqrt{2}$. 142) $7\sqrt{10\sqrt{3}}$. 143) $\frac{1}{14}\sqrt{1176 + 679\sqrt{3}}$.

144) $\sqrt{5} + \sqrt{2}$. 145) $\frac{1}{2}\sqrt{22} + \frac{1}{2}\sqrt{42}$. 146) $\sqrt{11} - 3$.

147) $2\sqrt{5} - 1$. 148) $\sqrt{10} + \sqrt{7}$. 149) $\frac{1}{3}(\sqrt{5} - 2)$.

150) $\frac{3}{2}\sqrt{3} - \sqrt{6}$. 151) $\frac{3}{2}\sqrt{11} + \sqrt{6}$. 152) $\frac{1}{2} + \frac{1}{10}\sqrt{6}$.

153) $\sqrt{19} - \frac{1}{2}\sqrt{42}$.

154) $2 - \sqrt{2}$. 155) $\sqrt{7} - 1$. 156) $2(\sqrt{11} + \sqrt{7})$.

157) $\frac{1}{2}(\sqrt{13} + 3)$. 158) $\frac{1}{2}(13 - 3\sqrt{13})$. 159) $3 + \sqrt{6}$.

160) $5 + 2\sqrt{6}$. 161) $97 - 56\sqrt{3}$. 162) $21 + 7\sqrt{2} + 12\sqrt{3} + 4\sqrt{6}$.

163) $4\sqrt{3} + 1$. 164) $2(4\sqrt{3} - \sqrt{5})$. 165) $2(3\sqrt{2} + 4)$.

166) $20 + \sqrt{5}$. 167) $19 - 4\sqrt{15}$. 168) $10 + 2\sqrt{5} + \sqrt{7} + \sqrt{35}$.

169) $-(3 + 8\sqrt{2} + 4\sqrt{7} + \sqrt{14})$. 170) $\sqrt{3} - \sqrt{5}$.

171) $2 + 5\sqrt{2} + 3\sqrt{3} - 4\sqrt{6}$. 172) $3\sqrt{10} + \sqrt{6} + 2\sqrt{5} - 4\sqrt{3}$.
173) $\sqrt{7} - \frac{1}{2}\sqrt{2}$.
174) $\frac{1}{41}(41\sqrt{2} + 216\sqrt{3} + 237\sqrt{6} + 78\sqrt{15} + 48\sqrt{30})$.
175) $\frac{1}{6}(7\sqrt{5} + 5\sqrt{7} + 2\sqrt{10} + 10\sqrt{2} + 2\sqrt{35} + 5\sqrt{14} + \sqrt{70} + 10)$.
176) $\sqrt{3} - \sqrt{2}$. 177) $\sqrt{3} - \sqrt{2}$.
196) $2(p + q)$. 197) $a + b$. 198) $1 + \sqrt{x}$.
199) $\sqrt{p} + \sqrt{q}$. 200) $\frac{a+1}{a}\sqrt{a}$. 201) $a - b + \frac{(a^2 - b^2)\sqrt{ab}}{ab}$.
202) $a + b - \sqrt{ab}$. 203) $\frac{a\sqrt{b} - b}{a^2 - b}$. 204) $\frac{a + b + 2\sqrt{ab}}{a - b}$.
205) $\sqrt{a+1} + \sqrt{a}$. 206) $x - y + \sqrt{x^2 - y^2}$. 207) $\frac{(\sqrt{a} - b)\sqrt{a - b^2}}{a - b}$.
208) $\frac{(\sqrt{a} + \sqrt{b} + \sqrt{c})^2 (a + b - c - 2\sqrt{ab})}{a^2 + b^2 + c^2 - 2(ab + ac + bc)}$.
209) $(\sqrt{a} + \sqrt{2b})(2 + \sqrt{2})$.
210) $x = 2$. 211) $x = 2$. 212) $x = 2$.
213) $x = \frac{11}{3}\sqrt{2}$. 214) $x = 2(\sqrt{2} + \sqrt{7})$. 215) $x = 3\sqrt{2} + 4$.
216) $x = \sqrt{2} - \sqrt{3}$. 217) $x = \frac{1}{2}(3 - \sqrt{5})$.
218) $x = \frac{1}{2}$. 219) $x = 2\frac{1}{3} + \frac{1}{3}\sqrt{7}$. 219_1) $x = \sqrt{2}$.
220) $x = \sqrt{6} - \sqrt{3}$.
221) $x = 16$. 222) $x = 2\frac{1}{4}$. 223) $x = 4$.
224) $x = 12\frac{1}{4}$. 225) $x = 8\frac{1}{3}$. 226) $x = 9$.
227) $x = 11$. 228) $x = 1$. 229) $x = -6$.
230) $x = 4$. 231) $x = 1$. 232) $x = 4$.
233) kein Wert. 234) $x = 8$. 235) $x = -21$.
236) $x = 25$. 237) $x = 1\frac{161}{289}$. 238) $x = 7$.
239) $x = \frac{1}{163}$.
240) $x = 5$. 241) $x = 1$. 242) $x = 25$.
243) $x = 2\frac{1}{4}$. 244) $x = 10$. 245) $x = 10$.
246) $x = 1$. 247) $x = \frac{b^2 + c^2 + d^2 - 2(bc + bd + cd)}{4a(2b + 2c - d)}$.
248) $x = 16$. 249) $x_1 = 4$; $x_2 = 12$. 250) $x = \frac{1}{2}$.
251) $x = 15$. 252) $x = 10$. 253) $x = -10$.
254) $x = \pm(a + b)$. 255) $x = \frac{9}{16}a$. 256) $x = 9$.

§ 28.
Vierte Erweiterung des Zahlengebiets. (Imaginäre Zahlen.)

44) $-1 + 8i$. 45) $4 + 2i$. 46) $-i(1 + \sqrt{2})$.
47) -3. 48) $22 - 14i$. 49) $-1 - 31i$.
50) 130. 51) $4\frac{1}{2} - 10\frac{9}{11}i$. 52) $-1{,}2 + 3i$.
53) $-1{,}09 + 0{,}8i$. 54) $-4\frac{3}{4}$. 55) $-105i\sqrt{2}$.

56) -1. 57) $+1$. 58) 100.
59) $2(26 + \sqrt{2} + 6\sqrt{5})$. 60) $2i$. 61) $-2 + 4i\sqrt{6}$.
62) $-11 - 2i$. 63) 8. 64) $-1506\frac{1}{2} + 11i\sqrt{6}$.
65) $55 + 11i\sqrt{6}$. 66) 176. 67) $(ac - bd) + i(ad + bc)$.
68) $p + q$. 69) $-2mi$. 70) $2(a^2 - b^2)$.
71) $2q(3p^2 - q^2)i$. 72) $a^2 - 3b^2$. 73) -4. 74) -4.
75) $1 - i$. 76) $6 + 8i$. 77) $7 - 2i$.
78) $1 - i\sqrt{3}$. 79) $3\sqrt{2} + 3i\sqrt{3}$. 80) $-6 - 2i\sqrt{5}$.
81) $-\frac{4}{27} - \frac{11}{27}i\sqrt{5}$. 82) $\frac{1}{13}\sqrt{5} + \frac{4}{13}i\sqrt{7}$. 83) $-\frac{1}{2} - \frac{1}{2}i\sqrt{3}$.
84) $-\frac{7}{25} + \frac{24}{25}i$. 85) $1 - i$.
86) $\frac{1}{38}(3\sqrt{3} + 2\sqrt{2}) - \frac{1}{38}i(5\sqrt{5} - \sqrt{30})$. 87) $-\frac{1}{2}$.
88) $6 + 6i$. 89) $\frac{p^2 - 4q^2}{p^2 + 4q^2} + 4i\frac{pq}{p^2 + 4q^2}$.
90) $\frac{a-b}{a+b} - 2i\frac{\sqrt{ab}}{a+b}$. 91) i. 92) $\frac{a^4 + b^4 - 6a^2b^2}{(a^2 + b^2)} + 4i\frac{ab(a^2-b^2)}{(a^2 + b^2)^2}$.
93) $-\frac{2}{a} - i\sqrt{1 - \frac{4}{a^2}}$. 94) $i\frac{2\sqrt{4bc - a^2}}{a^2 - 4bc}$. 95) $3 + 2i$.
96) $7 - 9i$. 97) $1 + i$. 98) $1 - i$. 99) $\frac{1}{2}\sqrt{2p} + \frac{1}{2}i\sqrt{2p}$.
100) $\frac{1}{2} + \frac{1}{3}i$. 101) $7 - \frac{1}{1}i$. 102) $1 + 3i$.
103) $\sqrt{2} + i$. 104) $\frac{1}{2} + \frac{1}{2}i\sqrt{3}$. 105) $-\frac{1}{2} + \frac{1}{2}i\sqrt{3}$.
106) $-2 + \frac{1}{2}i$. 107) $\frac{1}{2}\sqrt{2\sqrt{2}} + \frac{1}{2}i\sqrt{2\sqrt{2}}$. 108) 1.
109) $58 + 26\frac{1}{2}\sqrt{2} + i(58 - 26\frac{1}{2}\sqrt{2})$. 110) $\frac{7}{11} + \frac{6}{11}i\sqrt{2}$.
111) $3 + i$. 112) $3 + i$. 113) $5 + 2i$.
114) $4 - 3i$. 115) $2 + i$. 116) $5 + 3i$.
117) $3 + i$. 118) $20\sqrt{3} - 55 - i(37 + 48\sqrt{3})$.

§ 29.

Quadratische Gleichungen mit einer Unbekannten in arithmetischer Sprache, teilweise mit irrationalen und imaginären Wurzeln.

1) $x = \pm\sqrt{15} = \pm 3{,}873\ldots$ 2) $x = \pm\sqrt{35} = \pm 5{,}916\ldots$
3) $x = \pm\sqrt{31} = \pm 5{,}56\underline{8}$. 4) $x = \pm\sqrt{3} = \pm 1{,}732\ldots$
5) $x = \pm\frac{1}{3}\sqrt{15} = \pm 1{,}291\ldots$ 6) $x = \pm\frac{1}{5}\sqrt{35} = \pm 1{,}183\ldots$
7) $x = 2 \pm \sqrt{5} = \begin{cases} +4{,}236\ldots \\ -0{,}236\ldots \end{cases}$ 8) $x = 4 \pm \sqrt{7} = \begin{cases} 6{,}64\underline{6} \\ 1{,}35\overline{4}\ldots \end{cases}$
9) $x = -10 \pm \sqrt{10} = \begin{cases} -\ \ 6{,}83\underline{8} \\ -13{,}16\overline{2}\ldots \end{cases}$
10) $x = -11 \pm \sqrt{11} = \begin{cases} -14{,}31\underline{7} \\ -\ \ 7{,}68\overline{3}\ldots \end{cases}$
11) $x = 1 \pm 2\sqrt{17} = \begin{cases} 9{,}246\ldots \\ -7{,}246\ldots \end{cases}$

12) $x = -17 \pm 17\sqrt{2} = \begin{cases} 7{,}041.. \\ -41{,}041.. \end{cases}$

13) $x = 1\tfrac{1}{2} \pm \tfrac{1}{2}\sqrt{3} = \begin{cases} 2{,}366.. \\ 0{,}63\underline{4}.. \end{cases}$ 14) $x = \tfrac{2}{5} \pm \tfrac{3}{5}\sqrt{5} = \begin{cases} 1{,}742 \\ -0{,}94\underline{2} \end{cases}.$

15) $x = -\tfrac{1}{2} \pm \tfrac{2}{3}\sqrt{7} = \begin{cases} 1{,}264 \\ -2{,}26\underline{4} \end{cases}.$

16) $x = \tfrac{1}{8} \pm \tfrac{1}{5}\sqrt{6} = \begin{cases} 0{,}615 \\ -0{,}36\underline{5} \end{cases}.$ 17) $x = \begin{cases} 24 \\ 8 \end{cases}$, also rational.

18) $x = \tfrac{2}{3} \pm \tfrac{1}{2}\sqrt{6} = \begin{cases} 1{,}891.. \\ -0{,}558.. \end{cases}$

19) $x = -1\tfrac{1}{8} \pm \tfrac{1}{8}\sqrt{4641} = \begin{cases} 7{,}391 \\ -9{,}64\underline{1} \end{cases}.$

20) $x = -\tfrac{1}{11} \pm 11\sqrt{17} = \begin{cases} 45{,}263.. \\ -45{,}445.. \end{cases}$

21) $x = 2 \pm \tfrac{1}{4}\sqrt{106} = \begin{cases} 4{,}574 \\ -0{,}57\underline{4} \end{cases}.$

22) $x = -\tfrac{1}{13} \pm \sqrt{13} = \begin{cases} -3{,}529 \\ -3{,}68\underline{2}.. \end{cases}$

22_1) $x = 4 \pm \sqrt{15} = \begin{cases} 7{,}873.. \\ 0{,}127.. \end{cases}$

22_2) $x = 1\tfrac{1}{6} \pm \tfrac{1}{30}\sqrt{1405} = \begin{cases} 2{,}416 \\ -0{,}08\underline{3} \end{cases}.$

23) $x = \pm 3i.$ 24) $x = \pm \tfrac{4}{5}i.$ 25) $x = \pm 4i.$

26) $x = \pm 4i.$ 27) $x = \pm 5i.$ 28) $x = \pm i.$

29) $x = \pm \tfrac{1}{3}i\sqrt{2} = \pm 0{,}471..i.$ 30) $x = \pm \tfrac{1}{6}i\sqrt{5} = \pm 0{,}37\underline{3}i.$

31) $x = \pm \tfrac{1}{15}i\sqrt{105}.$ 32) $x = \pm \tfrac{1}{2}i\sqrt{30}.$

33) $x = \pm i\sqrt{5}.$ 34) $x = -\tfrac{1}{2} \pm \tfrac{1}{2}i\sqrt{3}.$

35) $x = 2 \pm i.$ 36) $x = 3 \pm 5i.$

37) $x = -3 \pm i\sqrt{5}.$ 38) $x = -\tfrac{1}{3} \pm \tfrac{1}{3}i\sqrt{2}.$

39) $x = \tfrac{1}{7} \pm 7i\sqrt{7}.$ 40) $x = -\tfrac{1}{3} \pm \tfrac{1}{11}i\sqrt{17}.$

41) $x = -\tfrac{1}{6} \pm \tfrac{1}{6}i\sqrt{19}.$ 42) $x = 37 \pm \tfrac{1}{37}i\sqrt{37}.$

43) $x = -41 \pm 7\tfrac{4}{7}i.$ 43_1) $x = 2\tfrac{1}{2} \pm \tfrac{1}{2}i\sqrt{23}.$

43_2) $x = 4 \pm 5i\sqrt{3}.$ 43_3) $x = -5\tfrac{1}{2} \pm 3\tfrac{1}{2}i\sqrt{7}.$

44) $x = -\tfrac{1}{2}\sqrt{2} \pm \tfrac{1}{2}i\sqrt{2}.$ 45) $x = -\tfrac{1}{2}\sqrt{2} \pm \tfrac{1}{2}i\sqrt{4\sqrt{2} - 2}.$

46) $x = -\tfrac{1}{4}\sqrt{3} \pm 1.$ 47) $x = \pm \tfrac{1}{3}(1 + \sqrt{3}).$

48) $x = \begin{cases} 2\sqrt{5} - 3\sqrt{3} \\ 5\sqrt{3} \end{cases}.$ 49) $x = \begin{cases} +4 + 3i \\ -4 + 3i \end{cases}.$

50) $x = -4 \pm \sqrt{15} + i.$

51) $x = \tfrac{1}{2}\sqrt{2} + \tfrac{1}{3} + \tfrac{1}{6}\sqrt{22 + 12\sqrt{2} - 24\sqrt{3}}.$

52) $x = \begin{cases} 2i \\ -30 \end{cases}.$ 53) $x = \begin{cases} 1\tfrac{1}{4} + 5i\sqrt{3} \\ \tfrac{3}{4} - i\sqrt{3} \end{cases}.$

54) $x = \begin{cases} \sqrt{3} + i\sqrt{2} \\ \sqrt{2} + i\sqrt{3} \end{cases}.$ 54₁) $x = \begin{cases} 2 \\ 8 + 2\tfrac{1}{2} i \end{cases}.$

54₂) $x = \begin{cases} -1 - i\sqrt{3} \\ -2 - i\sqrt{3} \end{cases}.$ 55) $x = a \pm i.$

56) $x = \tfrac{1}{2} a \pm b.$ 57) $x = \tfrac{1}{2} a \pm i b.$

58) $x = (a - b)\sqrt{17} \pm (a + b) i \sqrt{11}.$

59) $x = \begin{cases} 2 + \tfrac{3}{2}\sqrt{2} + \tfrac{3}{2} i \sqrt{2} \\ 2 - \tfrac{3}{2}\sqrt{2} - \tfrac{3}{2} i \sqrt{2} \end{cases}.$

60) $x = -a\sqrt{2} \pm \tfrac{1}{2} b\sqrt{6} \pm \tfrac{1}{2} i b \sqrt{6}.$

61) $x = \sqrt{\pi} \pm \tfrac{1}{2}\sqrt{2\sqrt{\pi} + \sqrt{2\pi}} \pm \tfrac{1}{2} i \sqrt{2\sqrt{\pi} - \sqrt{2\pi}}.$

62) $x = \sqrt{3p} \pm i\sqrt{q}.$ 63) $x = 2a \pm \tfrac{3}{2} b \pm \sqrt{a^2 - a\sqrt{b} + \tfrac{9}{4} b}.$

64) $x = \tfrac{1}{2}\sqrt{a} + \tfrac{1}{2}\sqrt{b} \pm \tfrac{1}{2}\sqrt{4c - 3a - 3b - 6\sqrt{ab}}.$

65) $x = \tfrac{1}{2}\sqrt{p + q + 5} + \tfrac{1}{2}\sqrt{p + q - 5} \pm \tfrac{1}{2}\sqrt{2p + 2q + 6\sqrt{p^2 + 2pq + q^2 - 25}}.$

99) $x_1 = \tfrac{3}{4}, \quad x_2 = -\tfrac{1}{4}.$ 100) $x_1 = \tfrac{2}{5}, \quad x_2 = \tfrac{1}{5}.$

101) $x_1 = -2, \quad x_2 = \tfrac{2}{5}.$ 102) $x_1 = -2\tfrac{8}{9}, \quad x_2 = -3\tfrac{1}{2}.$

103) $x_1 = -2\tfrac{6}{7}, \quad x_2 = -3\tfrac{1}{10}.$

104) $x_1 = 4, \quad x_2 = -2.$ 105) $x_1 = 3, \quad x_2 = \tfrac{1}{2}.$

106) $x_1 = \sqrt{2} + \sqrt{3}, \quad x_2 = -\tfrac{1}{2}\sqrt{2} + \sqrt{3}.$

107) $\left.\begin{matrix} x_1 \\ x_2 \end{matrix}\right\} = -1\tfrac{1}{2} \pm \tfrac{1}{2}\sqrt{21}, \quad \left.\begin{matrix} x_3 \\ x_4 \end{matrix}\right\} = -1\tfrac{1}{2} \pm \tfrac{1}{2} i \sqrt{7}.$

108) $\begin{cases} x_1 = 1, \\ x_2 = -4, \end{cases} \quad \left.\begin{matrix} x_3 \\ x_4 \end{matrix}\right\} = -1\tfrac{1}{2} \pm \tfrac{1}{2} i \sqrt{3}.$

109) $\begin{cases} x_1 = 1, \\ x_2 = -6, \end{cases} \quad \left.\begin{matrix} x_3 \\ x_4 \end{matrix}\right\} = -2\tfrac{1}{2} \pm \tfrac{1}{14}\sqrt{889}.$

110) $x_1 = x_2 = 1, \quad \left.\begin{matrix} x_3 \\ x_4 \end{matrix}\right\} = -2\tfrac{1}{2} \pm \tfrac{1}{2}\sqrt{21}.$

111) $\left.\begin{matrix} x_1 \\ x_2 \end{matrix}\right\} = 3 \pm \sqrt{10}, \quad \left.\begin{matrix} x_3 \\ x_4 \end{matrix}\right\} = -1 \pm \sqrt{2}.$

112) $\begin{cases} x_1 = 2, \\ x_2 = -1, \end{cases} \quad \left.\begin{matrix} x_3 \\ x_4 \end{matrix}\right\} = \tfrac{1}{2} \pm \tfrac{1}{2} i \sqrt{23}.$

113) $\left.\begin{matrix} x_1 \\ x_2 \end{matrix}\right\} = \pm 2, \quad \left.\begin{matrix} x_3 \\ x_4 \end{matrix}\right\} = \pm\sqrt{5}.$ 114) $\left.\begin{matrix} x_1 \\ x_2 \end{matrix}\right\} = \pm 3, \quad \left.\begin{matrix} x_3 \\ x_4 \end{matrix}\right\} = \pm 7.$

115) $\left.\begin{matrix} x_1 \\ x_2 \end{matrix}\right\} = \pm 2, \quad \left.\begin{matrix} x_3 \\ x_4 \end{matrix}\right\} = \pm\tfrac{3}{5} i \sqrt{10}.$ 116) $\left.\begin{matrix} x_1 \\ x_2 \end{matrix}\right\} = \pm 2, \quad \left.\begin{matrix} x_3 \\ x_4 \end{matrix}\right\} = \pm 3 i \sqrt{2}.$

117) $\left.\begin{matrix} x_1 \\ x_2 \end{matrix}\right\} = 0, \quad \left.\begin{matrix} x_3 \\ x_4 \end{matrix}\right\} = \pm 2 i.$ 118) $\left.\begin{matrix} x_1 \\ x_2 \end{matrix}\right\} = \pm 2, \quad \left.\begin{matrix} x_3 \\ x_4 \end{matrix}\right\} = \pm i \sqrt{10}.$

119) $\left.\begin{matrix} x_1 \\ x_2 \end{matrix}\right\} = \pm 4, \quad \left.\begin{matrix} x_3 \\ x_4 \end{matrix}\right\} = \pm 3.$ 120) $\left.\begin{matrix} x_1 \\ x_2 \end{matrix}\right\} = \pm 2, \quad \left.\begin{matrix} x_3 \\ x_4 \end{matrix}\right\} = \pm 5.$

121) $\left.\begin{matrix} x_1 \\ x_2 \end{matrix}\right\} = \pm\sqrt{2}, \quad \left.\begin{matrix} x_3 \\ x_4 \end{matrix}\right\} = \pm i \sqrt{5}.$

122) $\left.\begin{matrix}x_1\\x_2\end{matrix}\right\} = \pm\sqrt{9 + 2\sqrt{41}}, \quad \left.\begin{matrix}x_3\\x_4\end{matrix}\right\} = \pm i\sqrt{2\sqrt{41} - 9}.$

123) $\left.\begin{matrix}x_1\\x_2\end{matrix}\right\} = \pm\sqrt{\sqrt{3}}, \quad \left.\begin{matrix}x_3\\x_4\end{matrix}\right\} = \pm i\sqrt{\sqrt{3}}.$

124) $\left.\begin{matrix}x_1\\x_2\end{matrix}\right\} = \pm\frac{1}{2}(\sqrt{p^2+2q^2} + \sqrt{p^2-2q^2}), \quad \left.\begin{matrix}x_3\\x_4\end{matrix}\right\} = \pm\frac{1}{2}(\sqrt{p^2+2q^2} - \sqrt{p^2-2q^2}).$

125) $\left.\begin{matrix}x_1\\x_2\end{matrix}\right\} = \pm(\sqrt{p^2 + p} + \sqrt{3p - 1}), \quad \left.\begin{matrix}x_3\\x_4\end{matrix}\right\} = \pm(\sqrt{p^2 + p} - \sqrt{3p - 1}).$

126) $\left.\begin{matrix}x_1\\x_2\end{matrix}\right\} = \pm\sqrt{-3a^2 + \frac{1}{2}\sqrt{32a^4 + 2b}}, \quad \left.\begin{matrix}x_3\\x_4\end{matrix}\right\} = \pm i\sqrt{3a^2 + \frac{1}{2}\sqrt{32a^4 + 2b}}.$

127) $x_1 = 1, \quad x_2 = 1, \quad x_3 = +4, \quad x_4 = \frac{1}{4}.$

128) $x_1 = 2, \quad x_2 = \frac{1}{2}, \quad x_3 = 3, \quad x_4 = \frac{1}{3}.$

129) $\left\{\begin{matrix}x_1 = 1, & x_3\\x_2 = 1, & x_4\end{matrix}\right\} = -4\frac{1}{2} \pm \frac{1}{2}\sqrt{77}.$

130) $\left\{\begin{matrix}x_1 = 2, & x_3\\x_2 = \frac{1}{2}, & x_4\end{matrix}\right\} = -3\frac{3}{4} \pm \frac{1}{4}\sqrt{209}.$

131) $\left.\begin{matrix}x_1\\x_2\end{matrix}\right\} = \pm 1, \quad \left.\begin{matrix}x_3\\x_4\end{matrix}\right\} = -1\frac{5}{6} \pm \frac{1}{6}\sqrt{157}.$

132) $\left.\begin{matrix}x_1\\x_2\end{matrix}\right\} = \frac{1}{4}\left(\sqrt{5} - 1 \pm i\sqrt{10 + 2\sqrt{5}}\right), \quad \left.\begin{matrix}x_3\\x_4\end{matrix}\right\} = \frac{1}{4}\left(-\sqrt{5} - 1 \pm i\sqrt{10 - 2\sqrt{5}}\right).$

133) $\left.\begin{matrix}x_1\\x_2\end{matrix}\right\} = \frac{1}{4}\left(1 + \sqrt{5} \pm i\sqrt{10 - 2\sqrt{5}}\right), \quad \left.\begin{matrix}x_3\\x_4\end{matrix}\right\} = \frac{1}{4}\left(1 - \sqrt{5} \pm i\sqrt{10 + 2\sqrt{5}}\right).$

134) $\left.\begin{matrix}x_1\\x_2\end{matrix}\right\} = +1, \quad \left.\begin{matrix}x_3\\x_4\end{matrix}\right\} = +\frac{1}{4} \pm \frac{1}{4} i\sqrt{15}.$ 135) $\left\{\begin{matrix}x_1 = 2, & x_3\\x_2 = \frac{1}{2}, & x_4\end{matrix}\right\} = -1.$

136) $x_1 = 3, \quad x_2 = -\frac{1}{3}, \quad x_3 = 2, \quad x_4 = -\frac{1}{2}.$

137) $\left\{\begin{matrix}\left.\begin{matrix}x_1\\x_2\end{matrix}\right\} = \frac{5+3\sqrt{2}}{8} + \frac{1}{8}\sqrt{75 - 30\sqrt{2}} \pm \frac{1}{8}\sqrt{118 + 2(5 + 3\sqrt{2})\sqrt{75 - 30\sqrt{2}}},\\ \left.\begin{matrix}x_3\\x_4\end{matrix}\right\} = \frac{5+3\sqrt{2}}{8} - \frac{1}{8}\sqrt{75 - 30\sqrt{2}} \pm \frac{1}{8}\sqrt{118 - 2(5 + 3\sqrt{2})\sqrt{75 - 30\sqrt{2}}}.\end{matrix}\right.$

138) $x = 4.$ 139) $x_1 = 25, \quad x_2 = 9.$ 140) $x = 900.$

141) $x = 23.$ 142) $x = 4.$ 143) $x = 3.$

144) gar kein Wert. 145) $x = 9.$ 146) $x_1 = 9, \quad x_2 = 33.$

147) $x = 3.$ 148) $x_1 = 3, \; x_2 = \frac{1}{3}.$ 149) $x = 9.$

150) $x = a - b + 3c \pm 2\sqrt{c(2a - b + 2c)}.$

151) $x_1 = 9, \quad x_2 = 5.$ 152) $x = 7.$

153) $x_1 = 20, \quad x_2 = 4.$ 154) $x_1 = 6, \quad x_2 = 13\frac{2}{3}.$

155) $x_1 = 8, \quad x_2 = -2\frac{2}{71}.$

156) $x = \dfrac{a + b + c \pm 2\sqrt{a^2 + b^2 + c^2 - ab - ac - bc}}{a^2 + b^2 + c^2 - 2ab - 2ac - 2bc}.$

157) $x = 12.$ 158) $x = 5.$ 159) $x = 5.$

160) $x = 10.$ 161) $x = 8.$ 162) $x_1 = +1, \quad x_2 = -1.$

163) $x = \pm\frac{3}{5}\sqrt{5}.$ 164) $x_1 = 9, \quad x_2 = 8.$

165) $x = \frac{1}{2}\left[a + b \pm \frac{1}{2}(a - b)\sqrt{2}\right].$ 166) $x = 10.$ 167) $x = 1.$

In den Resultaten zu Nr. **168** bis **190** sind die Wurzelwerte, welche unmittelbar erkannt werden sollen, fortgelassen.

168) $x_1 = 7, \quad x_2 = -2.$

169) $x_1 = 10, \quad x_2 = 9.$

170) $\left.\begin{matrix} x_1 \\ x_2 \end{matrix}\right\} = 12\tfrac{1}{2} \pm \tfrac{1}{2}\sqrt{657}.$

171) $\left.\begin{matrix} x_1 \\ x_2 \end{matrix}\right\} = -\tfrac{1}{2} \pm \tfrac{1}{2} i\sqrt{3}.$

172) $x_1 = 2, \quad x_2 = -1\tfrac{1}{4}.$

173) $x_1 = 9, \quad x_2 = \tfrac{9}{13}.$

174) $\left.\begin{matrix} x_1 \\ x_2 \end{matrix}\right\} = \pm i.$

175) $x_1 = 10, \quad x_2 = -5.$

176) $x_1 = 4, \quad x_2 = -5.$

177) $\left.\begin{matrix} x_1 \\ x_2 \end{matrix}\right\} = -\tfrac{1}{6} \pm \tfrac{1}{6}\sqrt{85}.$

178) $x_1 = 2, \quad x_2 = -\tfrac{1}{3}.$

179) $\left.\begin{matrix} x_1 \\ x_2 \end{matrix}\right\} = 2 \pm i\sqrt{5}.$

180) $x_1 = 6, \quad x_2 = -6\tfrac{2}{3}.$

181) $\left.\begin{matrix} x_1 \\ x_2 \end{matrix}\right\} = \tfrac{5}{8} \pm \tfrac{1}{8} i\sqrt{967}.$

182) $x_1 = 5, \quad x_2 = -4\tfrac{2}{7}.$

183) $x_1 = 3, \quad x_2 = -2\tfrac{3}{5}.$

184) $\left.\begin{matrix} x_1 \\ x_2 \end{matrix}\right\} = \tfrac{1}{2} \pm \tfrac{1}{2} i\sqrt{3}.$

185) $x_1 = \frac{a}{b}, \quad x_2 = \frac{b}{a}.$

186) $x_1 = 2, \quad x_2 = \tfrac{1}{2}, \quad x_3 = +i, \quad x_4 = -i.$

187) $x_1 = x_2 = 1, \quad x_3 = 2, \quad x_4 = \tfrac{1}{2}.$

188) $x_1 = 2, \quad x_2 = \tfrac{1}{2}, \quad x_3 = -\tfrac{2}{3}, \quad x_4 = -1\tfrac{1}{2}.$

189) $x_1 = +1, \quad x_2 = -1, \quad x_3 = +2, \quad x_4 = -\tfrac{1}{2}.$

190) $$\begin{cases} \left.\begin{matrix} x_1 \\ x_2 \end{matrix}\right\} = -\frac{q+1}{4} + \tfrac{1}{4}\sqrt{q^2 - 2q - 4r + 5} \\ \qquad \pm \tfrac{1}{4}\sqrt{2q^2 - 4r - 10 + 2(q+1)\sqrt{q^2 - 2q - 4r + 5}}, \\ \left.\begin{matrix} x_3 \\ x_4 \end{matrix}\right\} = -\frac{q+1}{4} - \tfrac{1}{4}\sqrt{q^2 - 2q - 4r + 5} \\ \qquad \pm \tfrac{1}{4}\sqrt{2q^2 - 4r - 10 - 2(q+1)\sqrt{q^2 - 2q - 4r + 5}}. \end{cases}$$

191) $$\begin{cases} x_1 = 1, \quad \left.\begin{matrix} x_2 \\ x_3 \end{matrix}\right\} = \tfrac{1}{4}(\sqrt{5} - 1) \pm \tfrac{1}{4} i\sqrt{10 + 2\sqrt{5}}, \\ \qquad \left.\begin{matrix} x_4 \\ x_5 \end{matrix}\right\} = -\tfrac{1}{4}(\sqrt{5} + 1) \pm \tfrac{1}{4} i\sqrt{10 - 2\sqrt{5}}. \end{cases}$$

192) $$\begin{cases} x_1 = -1, \quad \left.\begin{matrix} x_2 \\ x_3 \end{matrix}\right\} = -\tfrac{1}{4}(\sqrt{5} - 1) \pm \tfrac{1}{4} i\sqrt{10 + 2\sqrt{5}}, \\ \qquad \left.\begin{matrix} x_4 \\ x_5 \end{matrix}\right\} = \tfrac{1}{4}(\sqrt{5} + 1) \pm \tfrac{1}{4} i\sqrt{10 - 2\sqrt{5}}. \end{cases}$$

193) Die zehn in Nr. 191 und 192 angegebenen Werte.

194) $$\begin{cases} \left.\begin{matrix} x_1 \\ x_2 \end{matrix}\right\} = \pm 1, \quad \left.\begin{matrix} x_3 \\ x_4 \end{matrix}\right\} = \pm i, \quad \left.\begin{matrix} x_5 \\ x_6 \end{matrix}\right\} = \tfrac{1}{2}\sqrt{2} \pm \tfrac{1}{2}\sqrt{2}\cdot i, \\ \left.\begin{matrix} x_7 \\ x_8 \end{matrix}\right\} = -\tfrac{1}{2}\sqrt{2} \pm \tfrac{1}{2}\sqrt{2}\cdot i. \end{cases}$$

195) $\pm 1, \quad \tfrac{1}{2} \pm \tfrac{1}{2} i\sqrt{3}, \quad -\tfrac{1}{2} \pm \tfrac{1}{2} i\sqrt{3}, \quad \tfrac{1}{2}\sqrt{3} \pm \tfrac{1}{2} i, \quad -\tfrac{1}{2}\sqrt{3} \pm \tfrac{1}{2} i.$

197) $x_1 = a, \quad x_2 = -a - 2.$

198) $x_1 = a, \quad \left.\begin{matrix} x_2 \\ x_3 \end{matrix}\right\} = -\frac{a+5}{2} \pm \tfrac{1}{2}\sqrt{25 - 10a - 3a^2}.$

199) $x_1 = a$, $x_2 = (17a - 8):(10a - 17)$.

200) $x_1 = a$, $\left.\begin{matrix} x_2 \\ x_3 \end{matrix}\right\} = \frac{1-a}{2} \pm \frac{1}{2}\sqrt{\frac{a^3 - 8a^2 + 5a - 10}{a+2}}$.

201) $\frac{1-4a}{2a+4}$. 202) für $a = -1$.

203) $\alpha = 7 + 5\sqrt{2}$, $\beta = 7 - 5\sqrt{2}$.

204) a) $(x - 10 + \sqrt{2})(x - 10 - \sqrt{2})$;
b) $(x + 8 + 6\sqrt{2})(x + 8 - 6\sqrt{2})$;
c) $(x + \sqrt{2})(3x - 8\sqrt{2})$; d) $(a + 4b)(a - 2b)$;
e) $(a - b)(3a - 2b)$; f) $(2p - 3q)(5p + 11q)$.

206) a) $(x + 5i)(x - 5i)$; b) $(x + ia)(x - ia)$;
c) $(x + 4 + i)(x + 4 - i)$;
d) $(x\sqrt{3} + \sqrt{3} + i\sqrt{7})(x\sqrt{3} + \sqrt{3} - i\sqrt{7})$.

207) $x_1 = a$, $x_2 = -4a$. 208) $x_1 = x_2 = a + 2b$.

209) $x_1 = b$, $x_2 = (1 - b):9$.

210) $x_1 = a + b$, $x_2 = a - b$, $x_3 = -a + b$, $x_4 = -a - b$.

211) $x_1 = a$, $x_2 = -3a$, $\left.\begin{matrix} x_3 \\ x_4 \end{matrix}\right\} = -a \pm i\sqrt{2a^2 + 1}$.

212) $x = 4p - 14q$. 213) $x = p$. 214) $x = -a\sqrt{6}$.

215) $x_1 = \pm 3a$, $x_2 = \pm(2b - a)$.

216) $x_1 = a$, $x_2 = \frac{1}{a}$, $x_3 = b$, $x_4 = \frac{1}{b}$.

217) $x_1 = 2{,}322\ldots$, $x_2 = -2{,}445\ldots$

218) $x_1 = 0{,}075\ldots$, $x_2 = -42{,}456\ldots$

219) $x_1 = 0{,}88\underline{2}$, $x_2 = -0{,}14\underline{4}$.

220) $x_1 = 3{,}74\bar{3}\underline{3}$, $x_2 = -4{,}3\bar{2}07\ldots$

§ 30.

Eingekleidete quadratische Gleichungen mit einer Unbekannten.

1) $\pm 8\sqrt{5}$. 2) $\pm 12i$.

3) a) 2 mal 2; b) $\frac{1}{2} + \frac{1}{2}i\sqrt{15}$ mal $\frac{1}{2} - \frac{1}{2}i\sqrt{15}$;
c) $\frac{1}{20} + \frac{1}{20}i\sqrt{1599}$ mal $\frac{1}{20} - \frac{1}{20}i\sqrt{1599}$;
d) $\frac{1}{2} + \frac{1}{2}\sqrt{2} + \frac{1}{2}i\sqrt{13 - 2\sqrt{2}}$ mal $\frac{1}{2} + \frac{1}{2}\sqrt{2} - \frac{1}{2}i\sqrt{13 - 2\sqrt{2}}$;
e) $-\frac{3}{2} - \frac{1}{2}\sqrt{-\frac{11}{2} + \frac{1}{2}\sqrt{265}} + i\left(1 + \frac{1}{2}\sqrt{\frac{11}{2} + \frac{1}{2}\sqrt{265}}\right)$ mal
$-\frac{3}{2} + \frac{1}{2}\sqrt{-\frac{11}{2} - \frac{1}{2}\sqrt{265}} + i\left(1 - \frac{1}{2}\sqrt{\frac{11}{2} + \frac{1}{2}\sqrt{265}}\right)$.

4) a) $1\frac{1}{2} + \frac{1}{2}i$ plus $1\frac{1}{2} - \frac{1}{2}i$; b) $1\frac{1}{2} + \frac{1}{2}\sqrt{19}$ plus $1\frac{1}{2} - \frac{1}{2}\sqrt{19}$;
c) $3{,}81\underline{2}$ plus $-0{,}81\underline{2}$.

5) Die Zahlen $2\frac{1}{4}$ und $-\frac{4}{9}$. 6) $\frac{1}{22}$ mal $\frac{1}{91}$.

7) Die Zahlen $\frac{1}{2} \pm \frac{1}{2}\sqrt{5}$. 8) $a \cdot \frac{\sqrt{5} - 1}{2}$ plus $a \cdot \frac{3 - \sqrt{5}}{2}$.

9) a) 3 und -4; b) $-\frac{1}{2} \pm \frac{1}{2}\sqrt{3}$; c) $-\frac{1}{2} \pm \frac{1}{2} i \sqrt{5}$;
d) $-\frac{1}{2}$; e) $-\frac{1}{4}$ und $-\frac{3}{4}$; f) $-\frac{1}{2} \pm i$.
10) a) $6\frac{1}{4}$; b) $\frac{1}{2}(3 \pm \sqrt{5})$ c) 4,238; d) $a^2 + 4a + 4$.
11) Die Zahl 6 oder $-29\frac{1}{2}$. 14) 72. 15) 83. 16) 18.
17) 81. 18) a) 53; b) 93; c) 66.
19) 84. 20) 18. 21) 24.
22) a) 17; b) $\frac{1}{2} + \frac{1}{2}\sqrt{8p + 1}$ gerade Linien.
23) 22 Punkte. 24) a) 15, b) 100, c) $\frac{3}{2} + \frac{1}{2}\sqrt{9 + 8d}$ Ecken.
26) Im Fünfeck. 27) a) 6, b) 7, c) 8, d) 20 Ecken.
28) $(5\sqrt{5} - 5)$ *cm*. 29) 12 *cm*. 30) 18 *cm* und 8 *cm*.
31) 36 *cm* und 64 *cm*. 32) 73 *cm*, 55 *cm*, 48 *cm*.
33) $a^2 \cdot (3 + 2\sqrt{2})$ *qcm*. 34) 5 *cm* oder 1 *cm*.
35) a) $\frac{2}{3}\sqrt{3\sqrt{3}}$ *m*; b) 2 *m*; c) $\frac{2}{3}\sqrt{2f\sqrt{3}}$ *m*.
36) 7 *cm* und 12 *cm*. 37) 16 *cm*.
38) 9 *cm* und 2 *cm*. 39) a) 3 *cm*; b) 14 *cm*; c) 43 *cm*.
40) 8 *cm* und 16 *cm*. 41) 2 *cm*.
42) 16 *cm* und 9 *cm*. 43) 26 *cm*. 44) 7 *cm*.
45) 10 *cm*. 46) 3 *cm*. 47) 17 *cm*.
48) 9 *cm*. 49) 50 *cm*. 50) 10 *cm*.
51) 1 *cm* 0 *mm*. 52) 7 *m*. 53) 9 *cm*.
54) 400 *m* lang, 100 *m* breit.
55) Entweder 22 oder 18 Personen. 56) 5 Studenten.
57) 20 Tage. 58) 12000. 59) 30 Liter.
60) 20 in Prima, 30 in Sekunda, 35 in Tertia. 61) 9900 *mg*.
62) a) Nach $\frac{20}{49}$ Sekunde und nach einer Sekunde.
b) $t = \frac{1}{g}\left[c \pm \sqrt{c^2 - 2gh}\right]$; c) mindestens $\sqrt{2gh}$ *m* in der Sekunde.
63) In einer Höhe von 313,6 *m* oder von 17977,6 *m*.
64) Bei 10 Grad. 65) 25 *cm* oder 1 *cm*. 66) 25 Ohm.
67) 50 *m*.
68) Der eine 90 *m* in der Minute, der andere 67,5 *m*.
69) Nahezu 8792 passus von Aricia (Irrat. Wurzel).
70) 54 km in der Stunde.

§ 31.

Quadratische Gleichungen mit mehreren Unbekannten in arithmetischer Sprache.

1) $\begin{cases} x_1 = 4, & y_1 = 5, \\ x_2 = 5, & y_2 = 4. \end{cases}$ 2) $\begin{cases} x_1 = 1, & y_1 = 1, \\ x_2 = 7, & y_2 = -2\frac{3}{7}. \end{cases}$

3) $\begin{cases} x_1 = -4, & y_1 = -7, \\ x_2 = -7, & y_2 = -4. \end{cases}$ 4) $x_1 = 2, \quad y_1 = 3.$

5) $\begin{cases} x_1 = 3, & y_1 = 4, \\ x_2 = -2\frac{4}{7}, & y_2 = -4\frac{5}{14}. \end{cases}$ 6) $\begin{cases} x_1 = \frac{1}{2}, & y_1 = \frac{1}{3}, \\ x_2 = \frac{1}{7}, & y_2 = \frac{3}{14}. \end{cases}$

7) $\begin{cases} x_1 = 5, & y_1 = 1, \\ x_2 = -\frac{1}{3}, & y_2 = -\frac{1}{3}. \end{cases}$ 8) $\begin{cases} x_1 = 2, & y_1 = 6, \\ x_2 = -2, & y_2 = -6. \end{cases}$

9) Jedes aus $x = \frac{4}{5}y$ resultierende Wertepaar. 10) $\begin{cases} x_1 = i, & y_1 = 2i, \\ x_2 = -i, & y_2 = -2i. \end{cases}$

11) $\left.\begin{matrix} x_1 \\ x_2 \end{matrix}\right\} = \pm\sqrt{\frac{14 + 2\sqrt{6}}{43}}, \quad \left.\begin{matrix} y_1 \\ y_2 \end{matrix}\right\} = \pm\sqrt{\frac{21 + 3\sqrt{6}}{43}}.$

12) $x = a + b, \quad y = a - b.$ 13) $\begin{cases} x_1 = 1, & y_1 = 1, \\ x_2 = 3\frac{3}{7}, & y_2 = -3\frac{6}{7}. \end{cases}$

14) $\begin{cases} x_1 = 1, & y_1 = 2, \\ x_2 = -\frac{7}{16}, & y_2 = 2. \end{cases}$ 15) $\begin{cases} x_1 = 2, & y_1 = 3, \\ x_2 = 10, & y_2 = -9. \end{cases}$

16) $\begin{cases} x_1 = 1, & y_1 = 1, \\ x_2 = 1, & y_2 = 1. \end{cases}$ 17) $\begin{cases} x_1 = 1, & y_1 = 1, \\ x_2 = \frac{1}{37}, & y_2 = \frac{1}{37}. \end{cases}$

18) $\begin{cases} x_1 = 1, & y_1 = 2, \\ x_2 = -4, & y_2 = 7. \end{cases}$ 19) $\begin{cases} x_1 = 5, & y_1 = 3, \\ x_2 = -\frac{20}{21}, & y_2 = \frac{13}{21}. \end{cases}$

20) $\begin{cases} x_1 = 2, & y_1 = 3, \\ x_2 = -2, & y_2 = -1. \end{cases}$ 21) $\begin{cases} x_1 = 2, & y_1 = 3, \\ x_2 = 1\frac{3}{5}, & y_2 = 5. \end{cases}$

22) $\begin{cases} x_1 = 2, & y_1 = 12, \\ x_2 = 6, & y_2 = 4. \end{cases}$ 23) $\begin{cases} x_1 = -6, & y_1 = -6, \\ x_2 = -5, & y_2 = -7. \end{cases}$

24) $\left.\begin{matrix} x_1 \\ x_2 \end{matrix}\right\} = 1\frac{22}{65} \pm \frac{2}{65}\sqrt{5061}, \quad \left.\begin{matrix} y_1 \\ y_2 \end{matrix}\right\} = -\frac{433}{2015} \pm \frac{2}{2015}\sqrt{5061}.$

25) $\left.\begin{matrix} x_1 \\ x_2 \end{matrix}\right\} = \frac{3}{5}\sqrt{2}, \quad \left.\begin{matrix} y_1 \\ y_2 \end{matrix}\right\} = \frac{5}{4} \pm \frac{1}{20}\sqrt{409 + 160\sqrt{2}}.$

26) $\begin{cases} x_1 = \frac{1}{2}, & y_1 = 2, \\ x_2 = -\frac{17}{50}, & y_2 = -1\frac{9}{25}. \end{cases}$ 27) $\begin{cases} x_1 = 1, & y_1 = 1, \\ x_2 = -\frac{13}{512}, & y_2 = -\frac{131}{1024}. \end{cases}$

28) $\begin{cases} x_1 = 1 + i, & y_1 = 1 - i, \\ x_2 = 1 - i, & y_2 = 1 + i. \end{cases}$

29) $\begin{cases} x_1 = 4, \quad y_1 = 3, \\ x_2 = \frac{2}{3}, \quad y_2 = -\frac{1}{3}. \\ \left.\begin{matrix} x_3 \\ x_4 \end{matrix}\right\} = -4\frac{2}{3} \pm \frac{1}{3}\sqrt{109}, \quad \left.\begin{matrix} y_3 \\ y_4 \end{matrix}\right\} = -2\frac{2}{3} \pm \frac{1}{3}\sqrt{109}. \end{cases}$

30) $\begin{cases} x_1 = 4, & y_1 = 3, \\ x_2 = 7, & y_2 = 1\frac{1}{2}, \\ x_3 = -3 + 6i, & y_3 = -2 - 3i, \\ x_4 = -3 - 6i, & y_4 = -2 + 3i. \end{cases}$

31) $\begin{cases} x_1 = 4, \quad y_1 = 3, \\ x_2 = 4\frac{8}{9}, \quad y_2 = 2\frac{1}{9}, \\ \left.\begin{matrix} x_3 \\ x_4 \end{matrix}\right\} = -10\frac{2}{9} \pm \frac{1}{9}i\sqrt{149}, \quad \left.\begin{matrix} y_3 \\ y_4 \end{matrix}\right\} = 6\frac{2}{9} \mp \frac{1}{9}i\sqrt{149}. \end{cases}$

32) $\begin{cases} x_1 = x_3 = 4, & y_1 = y_3 = 3. \\ x_2 = x_4 = 5, & y_2 = y_4 = 2\frac{1}{2}. \end{cases}$

33) $\begin{cases} x_1 = 7, \quad y_1 = 1, \\ x_2 = -\frac{21}{59}, \quad y_2 = -\frac{3}{59}, \\ \left.\begin{matrix} x_3 \\ x_4 \end{matrix}\right\} = 3\frac{17}{37} \pm \frac{4}{37}\sqrt{1246}, \quad \left.\begin{matrix} y_3 \\ y_4 \end{matrix}\right\} = -\frac{16}{37} \mp \frac{1}{74}\sqrt{1246}. \end{cases}$

34) $\begin{cases} x_1 = +6, \quad y_1 = +2, \\ x_2 = -6, \quad y_2 = -2, \\ x_3 = -\frac{1}{2}, \quad y_3 = +2, \\ x_4 = 1\frac{1}{11}, \quad y_4 = -4\frac{4}{11}. \end{cases}$

35) $\begin{cases} x_1 = -1, \quad y_1 = -4, \\ x_2 = 1\frac{5}{17}, \quad y_2 = 5\frac{3}{17}, \\ \left.\begin{matrix} x_3 \\ x_4 \end{matrix}\right\} = \frac{3}{5} \pm \frac{1}{5}\sqrt{449}, \quad \left.\begin{matrix} y_3 \\ y_4 \end{matrix}\right\} = \frac{3}{10} \pm \frac{1}{10}\sqrt{449}. \end{cases}$

36) $\begin{cases} \left.\begin{matrix} x_1 \\ x_2 \end{matrix}\right\} = \pm i, \quad \left.\begin{matrix} y_1 \\ y_2 \end{matrix}\right\} = \pm i, \\ \left.\begin{matrix} x_3 \\ x_4 \end{matrix}\right\} = \pm 2, \quad \left.\begin{matrix} y_3 \\ y_4 \end{matrix}\right\} = \mp 3. \end{cases}$

37) $\begin{cases} x_1 = x_3 = 0, \quad y_1 = y_3 = 0, \\ x_2 = 8, \quad y_2 = 4, \\ x_4 = 2\frac{19}{24}, \quad y_4 = -5\frac{7}{12}. \end{cases}$

38) $\begin{cases} x_1 = x_3 = 0, \quad y_1 = y_3 = 0, \\ x_2 = 1, \quad y_2 = 1, \\ x_4 = \frac{45}{3529}, \quad y_4 = -\frac{20}{3529}. \end{cases}$

39) $\begin{cases} x_1 = -1, \quad y_1 = -1, \\ x_2 = -2, \quad y_2 = -2, \\ x_3 = 7, \quad y_3 = 1, \\ x_4 = -10, \quad y_4 = -1\frac{3}{7}. \end{cases}$

40) $\begin{cases} x_1 = +1, \quad y_1 = -1, \\ \left.\begin{matrix} x_2 \\ x_3 \end{matrix}\right\} = -4\frac{677}{2002} \pm \frac{45}{2002}\sqrt{61273}, \quad \left.\begin{matrix} y_2 \\ y_3 \end{matrix}\right\} = 2\frac{435}{2002} \mp \frac{23}{2002}\sqrt{61273}. \end{cases}$

41) $\begin{cases} x_1 = 3, \quad y_1 = 2, \\ x_2 = 2, \quad y_2 = 3, \\ x_3 = -2, \quad y_3 = -3, \\ x_4 = -3, \quad y_4 = -2. \end{cases}$

42) $\begin{cases} x_1 = 1, \quad y_1 = 1, \\ x_2 = -1, \quad y_2 = -1, \\ \left.\begin{matrix} x_3 \\ x_4 \end{matrix}\right\} = \pm\frac{6}{67}\sqrt{134}, \quad \left.\begin{matrix} y_3 \\ y_4 \end{matrix}\right\} = \pm\frac{1}{67}\sqrt{134}. \end{cases}$

43) $\begin{cases} x_1 = 3, \quad y_1 = 4, \\ x_2 = -3, \quad y_2 = -4, \\ \left.\begin{matrix} x_3 \\ x_4 \end{matrix}\right\} = \pm\frac{27}{266}\sqrt{133}, \quad \left.\begin{matrix} y_3 \\ y_4 \end{matrix}\right\} = \mp\frac{5}{266}\sqrt{133}. \end{cases}$

44) $\begin{cases} x_1 = 5, \quad y_1 = 3, \\ x_2 = -5, \quad y_2 = -3, \\ \left.\begin{matrix} x_3 \\ x_4 \end{matrix}\right\} = \pm\frac{15}{39}\sqrt{39}, \quad \left.\begin{matrix} y_3 \\ y_4 \end{matrix}\right\} = \mp\frac{1}{39}\sqrt{39}. \end{cases}$

45) $\begin{cases} x_1 = 2, \quad y_1 = 1, \\ x_2 = 1, \quad y_2 = 2, \\ \left.\begin{matrix} x_3 \\ x_4 \end{matrix}\right\} = \frac{11}{30} \pm \frac{1}{30}\sqrt{1177}, \quad \left.\begin{matrix} y_3 \\ y_4 \end{matrix}\right\} = \frac{11}{30} \mp \frac{1}{30}\sqrt{1177}. \end{cases}$

46) $$\begin{cases} x_1 = 9, \quad y_1 = 6, \\ x_2 = -6, \quad y_2 = -9, \\ \left.\begin{matrix} x_3 \\ x_4 \end{matrix}\right\} = -\frac{105}{4} \pm \frac{3i}{4}\sqrt{455}, \quad \left.\begin{matrix} y_3 \\ y_4 \end{matrix}\right\} = +\frac{105}{4} \pm \frac{3i}{4}\sqrt{455}. \end{cases}$$

47) $$\begin{cases} x_1 = x_2 = 1, \quad y_1 = y_2 = 1, \\ \left.\begin{matrix} x_3 \\ x_4 \end{matrix}\right\} = -1\frac{1}{2} \pm \frac{1}{2}i\sqrt{15}, \quad \left.\begin{matrix} y_3 \\ y_4 \end{matrix}\right\} = -1\frac{1}{2} \mp \frac{1}{2}i\sqrt{15}. \end{cases}$$

48) $$\begin{cases} x_1 = y_2 = 4, \quad y_1 = x_2 = 3, \\ x_3 = y_4 = 5\frac{1}{2} + \frac{1}{2}\sqrt{89}, \quad y_3 = x_4 = 5\frac{1}{2} - \frac{1}{2}i\sqrt{89}. \end{cases}$$

49) $$\begin{cases} x_1 = 2, \quad y_1 = 3, \\ x_2 = 3, \quad y_2 = 2, \\ \left.\begin{matrix} x_3 \\ x_4 \end{matrix}\right\} = -3 \pm \sqrt{3}, \quad \left.\begin{matrix} y_3 \\ y_4 \end{matrix}\right\} = -3 \mp \sqrt{3}. \end{cases}$$

50) $$\begin{cases} x_1 = 1, \quad y_1 = 2, \\ x_2 = 2, \quad y_2 = 1, \\ \left.\begin{matrix} x_3 \\ x_4 \end{matrix}\right\} = -4\frac{3}{4} \pm \frac{1}{4}i\sqrt{221}, \quad \left.\begin{matrix} y_3 \\ y_4 \end{matrix}\right\} = -4\frac{3}{4} \mp \frac{1}{4}i\sqrt{221}. \end{cases}$$

51) $$\begin{cases} x_1 = y_3 = +3, \quad y_1 = x_3 = +1, \\ x_2 = y_4 = -3, \quad y_2 = x_4 = -1. \\ x_5 = y_7 = +\frac{1}{8}\sqrt{794} + \frac{23}{8}i\sqrt{2}, \quad y_5 = x_7 = -\frac{1}{8}\sqrt{794} + \frac{23}{8}i\sqrt{2}, \\ x_6 = y_8 = -\frac{1}{8}\sqrt{794} - \frac{23}{8}i\sqrt{2}, \quad y_6 = x_8 = +\frac{1}{8}\sqrt{794} - \frac{23}{8}i\sqrt{2}. \end{cases}$$

52) $$\begin{cases} x_1 = 4, \quad y_1 = 2, \\ x_2 = 2, \quad y_2 = 4. \end{cases}$$

53) $$\begin{cases} x_1 = 4, \quad y_1 = 2, \\ x_2 = -2, \quad y_2 = -4. \end{cases}$$

54) $$\begin{cases} x_1 = y_3 = 2, \quad y_1 = x_3 = 1, \\ x_2 = y_4 = 1\frac{1}{2} + \frac{1}{2}i\sqrt{55}, \quad y_2 = x_4 = 1\frac{1}{2} - \frac{1}{2}i\sqrt{55}. \end{cases}$$

55) $$\begin{cases} x_1 = 3, \quad y_1 = 2, \\ x_2 = -2, \quad y_2 = -3, \\ \left.\begin{matrix} x_3 \\ x_4 \end{matrix}\right\} = +\frac{1}{2} \pm \frac{1}{2}i\sqrt{31}, \quad \left.\begin{matrix} y_3 \\ y_4 \end{matrix}\right\} = -\frac{1}{2} \pm \frac{1}{2}i\sqrt{31}, \end{cases}$$

56) $$\begin{cases} x_1 = y_3 = 3 \quad y_1 = x_3 = 2, \\ x_2 = y_4 = 2\frac{1}{2} + \frac{1}{2}i\sqrt{51}, \quad y_2 = x_4 = 2\frac{1}{2} - \frac{1}{2}i\sqrt{51}. \end{cases}$$

57) $$\begin{cases} x_1 = 3, \quad y_1 = 2. \\ x_2 = -2, \quad y_2 = -3, \\ \left.\begin{matrix} x_3 \\ x_4 \end{matrix}\right\} = +\frac{1}{2} \pm \frac{3}{2}i\sqrt{3}, \quad \left.\begin{matrix} y_3 \\ y_4 \end{matrix}\right\} = -\frac{1}{2} \pm \frac{3}{2}i\sqrt{3}, \end{cases}$$

58) $$\begin{cases} x_1 = y_3 = 4, \quad y_1 = x_3 = 1, \\ x_2 = y_4 = 2\frac{1}{2} + \frac{1}{6}i\sqrt{381}, \quad y_2 = x_4 = 2\frac{1}{2} - \frac{1}{6}i\sqrt{381}. \end{cases}$$

59) $$\begin{cases} x_1 = y_3 = 2, \quad y_1 = x_3 = 2, \\ x_2 = y_4 = 2 + \frac{2}{5}i\sqrt{35}, \quad y_2 = x_4 = 2 - \frac{2}{5}i\sqrt{35}. \end{cases}$$

60) $$\begin{cases} x_1 = y_3 = +2, \quad y_1 = x_3 = +3, \\ x_2 = y_4 = -2, \quad y_2 = x_4 = -3. \end{cases}$$

61) $\begin{cases} x_1 = y_3 = +3, \quad y_1 = x_3 = +1, \\ x_2 = y_4 = -3, \quad y_2 = x_4 = -1, \\ x_5 = y_7 = \frac{1}{7} i(4\sqrt{14} + \sqrt{35}), \quad y_5 = x_7 = \frac{1}{7} i(4\sqrt{14} - \sqrt{35}), \\ x_6 = y_8 = -\frac{1}{7} i(4\sqrt{14} + \sqrt{35}), \quad y_6 = x_8 = -\frac{1}{7} i(4\sqrt{14} - \sqrt{35}). \end{cases}$

62) $\begin{cases} x_1 = 1\frac{1}{3}, \quad y_1 = \frac{2}{3}, \\ x_2 = 4, \quad y_2 = 3, \\ x_3 = 1\frac{1}{7}, \quad y_3 = \frac{6}{7}, \end{cases}$ 63) $\begin{cases} x_1 = x_2 = y_3 = y_4 = +4, \\ y_1 = y_2 = x_3 = x_4 = -4. \end{cases}$

64) $\begin{cases} x_1 = 1, \quad y_1 = 2, \\ x_2 = -2\frac{1}{2}, \quad y_2 = \frac{1}{4}, \\ \left.\begin{matrix} x_3 \\ x_4 \end{matrix}\right\} = -\frac{1}{4} \pm \frac{1}{4}\sqrt{65}, \quad \left.\begin{matrix} y_3 \\ y_4 \end{matrix}\right\} = \frac{1}{8} \mp \frac{1}{8}\sqrt{65}. \end{cases}$

65) $\begin{cases} x_1 = 1, \quad y_1 = 1, \\ x_2 = -4, \quad y_2 = -9, \\ \left.\begin{matrix} x_3 \\ x_4 \end{matrix}\right\} = \frac{1}{2} \pm \frac{1}{2} i\sqrt{23}, \quad \left.\begin{matrix} y_3 \\ y_4 \end{matrix}\right\} = -\frac{1}{2} \mp \frac{1}{2} i\sqrt{23}. \end{cases}$

66) $\begin{cases} x_1 = y_3 = 1, \quad y_1 = x_3 = 3, \\ x_2 = y_4 = -1, \quad y_2 = x_4 = -3, \\ \left.\begin{matrix} x_5 \\ x_6 \end{matrix}\right\} = \pm\sqrt{5}, \quad \left.\begin{matrix} y_5 \\ y_6 \end{matrix}\right\} = \pm\sqrt{5}. \end{cases}$

67) $\begin{cases} x_1 = y_2 = 1 + i, \quad y_1 = x_2 = 1 - i, \\ x_3 = y_4 = -1 + i, \quad y_3 = x_4 = -1 - i, \\ \left.\begin{matrix} x_5 \\ x_6 \end{matrix}\right\} = \pm 2, \quad \left.\begin{matrix} y_5 \\ y_6 \end{matrix}\right\} = \pm 1, \\ \left.\begin{matrix} x_7 \\ x_8 \end{matrix}\right\} = \pm i, \quad \left.\begin{matrix} y_7 \\ y_8 \end{matrix}\right\} = \mp 2i, \end{cases}$

68) $\begin{cases} x_1 = 1, \quad y_1 = 0, \\ x_2 = -11, \quad y_2 = 6, \\ \left.\begin{matrix} x_3 \\ x_4 \end{matrix}\right\} = -4\frac{3}{5} \pm \frac{2}{5}\sqrt{221}, \quad \left.\begin{matrix} y_3 \\ y_4 \end{matrix}\right\} = 3\frac{4}{5} \mp \frac{1}{5}\sqrt{221}. \end{cases}$

69) $\begin{cases} x_1 = 6, \quad y_1 = 1, \\ x_2 = -1, \quad y_2 = -6, \\ \left.\begin{matrix} x_3 \\ x_4 \end{matrix}\right\} = +2\frac{1}{2} \pm \frac{5}{6} i\sqrt{3}, \quad \left.\begin{matrix} y_3 \\ y_4 \end{matrix}\right\} = -2\frac{1}{2} \pm \frac{5}{6} i\sqrt{3}. \end{cases}$

70) $\left.\begin{matrix} x_1 \\ x_2 \end{matrix}\right\} = \pm 3, \quad \left.\begin{matrix} y_1 \\ y_2 \end{matrix}\right\} = \pm 4.$ 71) $\left.\begin{matrix} x_1 \\ x_2 \end{matrix}\right\} = \pm 5, \quad \left.\begin{matrix} y_1 \\ y_2 \end{matrix}\right\} = \pm 4.$

72) $\left.\begin{matrix} x_1 \\ x_2 \end{matrix}\right\} = \pm \frac{1}{57} i\sqrt{57}, \quad \left.\begin{matrix} y_1 \\ y_2 \end{matrix}\right\} = \pm \frac{5}{57} i\sqrt{57}.$

73) $\left.\begin{matrix} x_1 \\ x_2 \end{matrix}\right\} = \pm 5, \quad \left.\begin{matrix} y_1 \\ y_2 \end{matrix}\right\} = \mp 2.$

74) $\left.\begin{matrix} x_1 \\ x_2 \end{matrix}\right\} = -\frac{1}{12}, \quad \left.\begin{matrix} y_1 \\ y_2 \end{matrix}\right\} = -\frac{11}{24} \pm \frac{1}{24}\sqrt{55465}.$

75) $\begin{cases} x_1 = 4, \quad y_1 = 4, \\ x_2 = 3\frac{7}{15}, \quad y_2 = -11\frac{7}{15}. \end{cases}$ 76) $\begin{cases} x_1 = 1, \quad y_1 = 1, \\ x_2 = 1, \quad y_2 = -2\frac{1}{3}. \end{cases}$

77) $\begin{cases} x_1 = y_2 = 4, \quad y_1 = x_2 = 1, \\ x_3 = y_4 = 2\tfrac{1}{2} + \tfrac{1}{2} i\sqrt{59}, \quad y_3 = x_4 = 2\tfrac{1}{2} - \tfrac{1}{2} i\sqrt{59}. \end{cases}$

78) $\begin{cases} \left.\begin{matrix} x_1 \\ x_2 \end{matrix}\right\} = \pm 1, \quad \left.\begin{matrix} y_1 \\ y_2 \end{matrix}\right\} = \pm 1, \\ \left.\begin{matrix} x_3 \\ x_4 \end{matrix}\right\} = \pm 1, \quad \left.\begin{matrix} y_3 \\ y_4 \end{matrix}\right\} = \pm 1. \end{cases}$

79) $\begin{cases} x_1 = 3 \quad y_1 = 5, \\ x_2 = 8\tfrac{1}{3}, \quad y_2 = 1\tfrac{4}{5}. \end{cases}$

80) $\left.\begin{matrix} x_1 \\ x_2 \end{matrix}\right\} = \pm 8, \quad \left.\begin{matrix} y_1 \\ y_2 \end{matrix}\right\} = \pm 4.$

81) $\begin{cases} x_1 = 1, \quad y_1 = 2, \\ x_2 = 4\tfrac{1}{2}, \quad y_2 = \tfrac{3}{5}. \end{cases}$

82) $\left.\begin{matrix} x_1 \\ x_2 \end{matrix}\right\} = \pm 6, \quad \left.\begin{matrix} y_1 \\ y_2 \end{matrix}\right\} = \pm 10.$

83) $\begin{cases} x_1 = x_2 = +1, \quad y_1 = y_2 = +1, \\ x_3 = x_4 = -1, \quad y_3 = y_4 = -1. \end{cases}$

84) $\begin{cases} x_1 = +3, \quad y_1 = +6, \\ x_2 = -6, \quad y_2 = -3. \end{cases}$

85) $\begin{cases} x_1 = y_2 = 5, \quad y_1 = x_2 = 2, \\ x_3 = y_4 = -2\tfrac{1}{14} + \tfrac{1}{14}\sqrt{2001}, \quad y_3 = x_4 = -2\tfrac{1}{14} - \tfrac{1}{14}\sqrt{2001}. \end{cases}$

86) $\begin{cases} x_1 = 1, \quad y_1 = 4, \\ x_2 = 0, \quad y_2 = 0. \end{cases}$

87) $\begin{cases} x_1 = 1, \quad y_1 = 4, \\ x_2 = -\tfrac{2}{11}, \quad y_2 = 1\tfrac{2}{5}. \end{cases}$

88) $\left.\begin{matrix} x_1 \\ x_2 \end{matrix}\right\} = 16\tfrac{1}{2} \pm \tfrac{1}{2}\sqrt{2337}, \quad \left.\begin{matrix} y_1 \\ y_2 \end{matrix}\right\} = -11\tfrac{1}{2} \pm \tfrac{1}{2}\sqrt{2337}.$

89) $\left.\begin{matrix} x_1 \\ x_2 \end{matrix}\right\} = 5\tfrac{9}{200} \pm \tfrac{1}{200} i\sqrt{17919}, \quad \left.\begin{matrix} y_1 \\ y_2 \end{matrix}\right\} = 4\tfrac{9}{200} \mp \tfrac{1}{200} i\sqrt{17919}.$

90) $x = 140\tfrac{1}{2}, \quad y = 138\tfrac{1}{2}.$

91) $\begin{cases} x_1 = 4, \quad y_1 = 6, \\ x_2 = -4, \quad y_2 = -6, \\ x_3 = y_4 = +2i\sqrt{6}, \quad y_3 = x_4 = -2i\sqrt{6}. \end{cases}$

92) Kein Wertepaar.

93) $\begin{cases} x_1 = 5, \quad y_1 = 4, \\ x_2 = 6, \quad y_2 = 4. \end{cases}$

94) $\begin{cases} x_1 = 6, \quad y_1 = 2, \\ x_2 = 2, \quad y_2 = 6. \end{cases}$

95) $\begin{cases} x_1 = y_2 = 2, \quad y_1 = x_2 = 1, \\ x_3 = y_4 = -2, \quad y_3 = x_4 = -1, \\ x_5 = y_6 = +2i, \quad y_5 = x_6 = +i, \\ x_7 = y_8 = -2i, \quad y_7 = x_8 = -i. \end{cases}$

96) $\begin{cases} \left.\begin{matrix} x_1 \\ x_2 \end{matrix}\right\} = \pm\sqrt{5\sqrt{6}}, \quad \left.\begin{matrix} y_1 \\ y_2 \end{matrix}\right\} = \pm\sqrt{5\sqrt{6}}, \\ \left.\begin{matrix} x_3 \\ x_4 \end{matrix}\right\} = \pm i\sqrt{5\sqrt{6}}, \quad \left.\begin{matrix} y_3 \\ y_4 \end{matrix}\right\} = \pm i\sqrt{5\sqrt{6}}, \\ x_5 = y_6 = 4, \quad y_5 = x_6 = 3, \\ x_7 = y_8 = 3\tfrac{1}{2} + \tfrac{1}{2}i, \quad y_7 = x_8 = 3\tfrac{1}{2} - 1\tfrac{1}{2}i. \end{cases}$

97) $\begin{cases} x_1 = 3, \quad y_1 = 4, \\ x_2 = -30, \quad y_2 = 37, \\ \left.\begin{matrix} x_3 \\ x_4 \end{matrix}\right\} = -\tfrac{1}{2} \pm \tfrac{1}{2} i\sqrt{3}, \quad \left.\begin{matrix} y_3 \\ y_4 \end{matrix}\right\} = -\tfrac{1}{2} \pm \tfrac{1}{2} i\sqrt{3}. \end{cases}$

98) $\begin{cases} x_1 = 5, \quad y_1 = 1, \\ x_2 = 1, \quad y_2 = 5. \end{cases}$

99) $\begin{cases} \left.\begin{matrix} x_1 \\ x_2 \end{matrix}\right\} = 1\frac{1}{8} \pm \frac{1}{8}\sqrt{257}, \quad \left.\begin{matrix} y_1 \\ y_2 \end{matrix}\right\} = -1\frac{1}{8} \mp \frac{1}{8}\sqrt{257}, \\ x_3 = 3, \quad y_3 = 1, \\ x_4 = -1, \quad y_4 = -3, \\ \left.\begin{matrix} x_5 \\ x_6 \end{matrix}\right\} = -2\frac{1}{8} \pm \frac{1}{8} i \sqrt{419}. \quad \left.\begin{matrix} y_5 \\ y_6 \end{matrix}\right\} = +2\frac{1}{8} \pm \frac{1}{8} i \sqrt{419}. \end{cases}$

100) $\begin{cases} x_1 = 3, \quad y_1 = 4, \\ x_2 = 10\frac{1}{11}, \quad y_2 = -5\frac{5}{11}, \\ \left.\begin{matrix} x_3 \\ x_4 \end{matrix}\right\} = -45\frac{9}{11} \pm 1\frac{4}{11} i \sqrt{239}, \quad \left.\begin{matrix} y_3 \\ y_4 \end{matrix}\right\} = 5\frac{1}{11} \mp 1\frac{9}{11} i \sqrt{239}. \end{cases}$

101) $\begin{cases} x_1 = y_1 = 0, \\ x_2 = y_2 = 3\frac{2}{5}, \\ x_3 = 4, \quad y_3 = 1, \\ x_4 = 1, \quad y_4 = 4. \end{cases}$

102) $\begin{cases} x_1 = -1, \quad y_1 = 2, \\ x_2 = -3, \quad y_2 = 8, \\ \left.\begin{matrix} x_3 \\ x_4 \end{matrix}\right\} = -\frac{1}{6} \pm \frac{1}{6}\sqrt{85}, \quad \left.\begin{matrix} y_3 \\ y_4 \end{matrix}\right\} = -\frac{1}{2} \pm \frac{1}{2}\sqrt{85}. \end{cases}$

103) $\begin{cases} x_1 = \frac{1}{2}, \quad y_1 = \frac{1}{4}, \\ \left.\begin{matrix} x_2 \\ x_3 \end{matrix}\right\} = +1\frac{1}{4} \pm \frac{1}{4}\sqrt{5}, \quad \left.\begin{matrix} y_2 \\ y_3 \end{matrix}\right\} = -\frac{1}{2} \mp \frac{1}{4}\sqrt{5}. \end{cases}$

104) $\left.\begin{matrix} x_1 \\ x_2 \end{matrix}\right\} = \pm\frac{6}{7}\sqrt{7}, \quad \left.\begin{matrix} y_1 \\ y_2 \end{matrix}\right\} = \pm\frac{5}{6}\sqrt{7}.$

105) $\begin{cases} \left.\begin{matrix} x_1 \\ x_2 \end{matrix}\right\} = \pm 1, \quad \left.\begin{matrix} y_1 \\ y_2 \end{matrix}\right\} = \pm 1, \\ \left.\begin{matrix} x_3 \\ x_4 \end{matrix}\right\} = \pm\frac{1}{5}\sqrt{35}, \quad \left.\begin{matrix} y_3 \\ y_4 \end{matrix}\right\} = \pm\frac{1}{7}\sqrt{35}. \end{cases}$

106) $\begin{cases} x_1 = 6, \quad y_1 = 6, \\ x_2 = 9, \quad y_2 = 4, \\ x_3 = 4, \quad y_3 = 9. \end{cases}$ 107) $x_1 = y_2 = 3, \quad y_1 = x_2 = 1.$

108) $\begin{cases} x_1 = y_2 = 16, \quad y_1 = x_2 = 9, \\ \left.\begin{matrix} x_3 \\ x_4 \end{matrix}\right\} = -61\frac{1}{2} \pm 3\frac{1}{2} i \sqrt{295}, \quad \left.\begin{matrix} y_3 \\ y_4 \end{matrix}\right\} = -61\frac{1}{2} \mp 3\frac{1}{2} i \sqrt{295}. \end{cases}$

109) $\left.\begin{matrix} x_1 \\ x_2 \end{matrix}\right\} = \pm 9, \quad \left.\begin{matrix} y_1 \\ y_2 \end{matrix}\right\} = \pm 4.$ 110) $\begin{cases} x_1 = +4, \quad y_1 = +9, \\ x_2 = -4, \quad y_2 = +9. \end{cases}$

111) $\left.\begin{matrix} x_1 \\ x_2 \end{matrix}\right\} = \pm 12, \quad \left.\begin{matrix} y_1 \\ y_2 \end{matrix}\right\} = \pm 3.$

112) $\begin{cases} \left.\begin{matrix} x_1 = y_3 \\ x_2 = y_4 \end{matrix}\right\} = \pm\frac{1}{2}\sqrt{50 + 86\sqrt{2}} + \frac{1}{2} i \sqrt{86\sqrt{2} - 50}, \\ \left.\begin{matrix} y_1 = x_3 \\ y_2 = x_4 \end{matrix}\right\} = \pm\frac{1}{2}\sqrt{50 + 86\sqrt{2}} - \frac{1}{2} i \sqrt{86\sqrt{2} - 50}. \end{cases}$

113) $\begin{cases} x_1 = 9, & y_1 = 6, \\ x_2 = 5, & y_2 = 2, \end{cases}$ 114) $\begin{cases} x_1 = 5, & y_1 = 2, \\ x_2 = 2, & y_2 = 5. \end{cases}$

115) $\begin{cases} x_1 = 5, & y_1 = 2, \\ x_2 = 10\frac{11}{12}, & y_2 = \frac{49}{60}. \end{cases}$

116) $x_1 = y_2 = \frac{1}{2}s + \frac{1}{2}\sqrt{s^2 - 4p}, \quad y_1 = x_2 = \frac{1}{2}s - \frac{1}{2}\sqrt{s^2 - 4p}.$

117) $\left.\begin{matrix} x_1 \\ x_2 \end{matrix}\right\} = +\frac{1}{2}d \pm \frac{1}{2}\sqrt{d^2 + 4p}, \quad \left.\begin{matrix} y_1 \\ y_2 \end{matrix}\right\} = -\frac{1}{2}d \pm \frac{1}{2}\sqrt{d^2 + 4p}.$

118) $x_1 = y_2 = \frac{1}{2}s + \frac{1}{2}\sqrt{2q - s^2}, \quad y_1 = x_2 = \frac{1}{2}s - \frac{1}{2}\sqrt{2q - s^2}.$

119) $\left.\begin{matrix} x_1 \\ x_2 \end{matrix}\right\} = +\frac{1}{2}d \pm \frac{1}{2}\sqrt{2q - d^2}, \quad \left.\begin{matrix} y_1 \\ y_2 \end{matrix}\right\} = -\frac{1}{2}d \pm \frac{1}{2}\sqrt{2q - d^2}.$

120) $x = \frac{s^2 + a}{2s}, \quad y = \frac{s^2 - a}{2s}.$ 121) $x = \frac{a + d^2}{2d}, \quad y = \frac{a - d^2}{2d}.$

122) $$\begin{cases} \left.\begin{matrix} x_1 = y_3 \\ x_2 = y_4 \end{matrix}\right\} = -\frac{1}{4} \pm \frac{1}{4}\sqrt{1 + 4a + 8p} \\ \qquad + \frac{1}{4}\sqrt{2 + 4a - 8p \mp 2\sqrt{1 + 4a + 8p}}, \\ \left.\begin{matrix} x_3 = y_1 \\ x_4 = y_2 \end{matrix}\right\} = -\frac{1}{4} \pm \frac{1}{4}\sqrt{1 + 4a + 8p} \\ \qquad + \frac{1}{4}\sqrt{2 + 4a - 8p \mp 2\sqrt{1 + 4a + 8p}}. \end{cases}$$

123) $\left.\begin{matrix} x_1 \\ x_2 \end{matrix}\right\} = \pm ab, \quad \left.\begin{matrix} y_1 \\ y_2 \end{matrix}\right\} = \pm \frac{b}{a}.$

124) $\left.\begin{matrix} x_1 \\ x_2 \end{matrix}\right\} = \pm t\sqrt{\frac{q}{1 + t^2}}, \quad \left.\begin{matrix} y_1 \\ y_2 \end{matrix}\right\} = \pm\sqrt{\frac{q}{1 + t^2}}.$

125) $\left.\begin{matrix} x_1 \\ x_2 \end{matrix}\right\} = \pm\frac{2}{7}a\sqrt{42}, \quad \left.\begin{matrix} y_1 \\ y_2 \end{matrix}\right\} = \pm\frac{1}{7}a\sqrt{42}.$

126) $x = a + b, \quad y = a - b.$

127) $$\begin{cases} x_1 = c - a, \quad y_1 = c - b, \\ x_2 = \frac{(a + c)(2c^2 - a^2 - b^2)}{(a + c)^2 + (b + c)^2}, \quad y_2 = \frac{(b + c)(2c^2 - a^2 - b^2)}{(a + c)^2 + (b + c)^2}. \end{cases}$$

128) $x_1 = y_2 = \frac{1}{2}s + \frac{1}{2}\sqrt{\frac{4k - s^3}{3s}}, \quad y_1 = x_2 = \frac{1}{2}s - \frac{1}{2}\sqrt{\frac{4k - s^3}{3s}}.$

129) $\left.\begin{matrix} x_1 \\ x_2 \end{matrix}\right\} = +\frac{1}{2}d \pm \frac{1}{2}\sqrt{\frac{4m - d^3}{3d}}, \quad \left.\begin{matrix} y_1 \\ y_2 \end{matrix}\right\} = -\frac{1}{2}d \pm \frac{1}{2}\sqrt{\frac{4m - d^3}{3d}}.$

130) $$\begin{cases} x_1 = y_2 = \frac{1}{2}s + \frac{1}{2}\sqrt{-3s^2 + 2\sqrt{2s^4 + 2f}}, \\ y_1 = x_2 = \frac{1}{2}s - \frac{1}{2}\sqrt{-3s^2 + 2\sqrt{2s^4 + 2f}}, \\ x_3 = y_4 = \frac{1}{2}s + \frac{1}{2}i\sqrt{3s^2 + 2\sqrt{2s^4 + 2f}}, \\ y_3 = x_4 = \frac{1}{2}s - \frac{1}{2}i\sqrt{3s^2 + 2\sqrt{2s^4 + 2f}}. \end{cases}$$

131) $$\left\{\begin{array}{l} \left.\begin{array}{l} x_1 = y_2 \\ x_2 = y_1 \end{array}\right\} = -\frac{1}{2} h^2 + \frac{1}{2}\sqrt{2 h^4 + 2 g} \pm \frac{1}{2} h \sqrt{-3 h^2 + 2\sqrt{2 h^4 + 2 g}}, \\ \left.\begin{array}{l} x_3 = y_4 \\ x_4 = y_3 \end{array}\right\} = -\frac{1}{2} h^2 - \frac{1}{2}\sqrt{2 h^4 + 2 g} \pm \frac{1}{2} i h \sqrt{3 h^2 + 2\sqrt{2 h^4 + 2 g}}. \end{array}\right.$$

132) $$\left\{\begin{array}{l} \left.\begin{array}{l} x_1 = y_2 \\ x_2 = y_1 \end{array}\right\} = \frac{1}{2} s \pm \frac{1}{2}\sqrt{-s^2 + 2\sqrt{\frac{s^5 + 4 c}{5 s}}}, \\ \left.\begin{array}{l} x_3 = y_4 \\ x_4 = y_3 \end{array}\right\} = \frac{1}{2} s \pm \frac{1}{2} i\sqrt{s^2 + 2\sqrt{\frac{s^5 + 4 c}{5 s}}}. \end{array}\right.$$

133) $$\left\{\begin{array}{l} \left.\begin{array}{l} x_1 = y_2 \\ x_3 = y_4 \end{array}\right\} = +\frac{1}{2}\sqrt{q \pm 2\sqrt{\frac{q^3 - a}{3 q}}} + \frac{1}{2}\sqrt{q \mp 2\sqrt{\frac{q^3 - a}{3 q}}}, \\ \left.\begin{array}{l} y_1 = x_2 \\ y_3 = x_4 \end{array}\right\} = +\frac{1}{2}\sqrt{q \pm 2\sqrt{\frac{q^3 - a}{3 q}}} - \frac{1}{2}\sqrt{q \mp 2\sqrt{\frac{q^3 - a}{3 q}}}, \\ \left.\begin{array}{l} x_5 = y_6 \\ x_7 = y_8 \end{array}\right\} = -\frac{1}{2}\sqrt{q \pm 2\sqrt{\frac{q^3 - a}{3 q}}} + \frac{1}{2}\sqrt{q \mp 2\sqrt{\frac{q^3 - a}{3 q}}}, \\ \left.\begin{array}{l} y_5 = x_6 \\ y_7 = x_8 \end{array}\right\} = -\frac{1}{2}\sqrt{q \pm 2\sqrt{\frac{q^3 - a}{3 q}}} - \frac{1}{2}\sqrt{q \mp 2\sqrt{\frac{q^3 - a}{3 q}}}. \end{array}\right.$$

134) $$\left\{\begin{array}{l} \left.\begin{array}{l} x_1 = y_2 \\ x_2 = y_1 \end{array}\right\} = \frac{1}{2} s \pm \frac{1}{2}\sqrt{-\frac{2}{3} s^2 + \frac{1}{3}\sqrt{s^4 + \frac{24 b}{s}}}, \\ \left.\begin{array}{l} x_3 = y_4 \\ x_4 = y_3 \end{array}\right\} = \frac{1}{2} s \pm \frac{1}{2} i\sqrt{\frac{2}{3} s^2 + \frac{1}{3}\sqrt{s^4 + \frac{24 b}{s}}}. \end{array}\right.$$

135) $$\left\{\begin{array}{l} \left.\begin{array}{l} x_1 = y_3 \\ x_2 = y_4 \end{array}\right\} = -\frac{1}{4} \pm \frac{1}{2}\sqrt{\frac{9}{4} + a^2} + \frac{1}{2}\sqrt{-\frac{3}{2} + a^2 \mp \sqrt{\frac{9}{4} + a^2}}, \\ \left.\begin{array}{l} y_1 = x_3 \\ y_2 = x_4 \end{array}\right\} = -\frac{1}{4} \pm \frac{1}{2}\sqrt{\frac{9}{4} + a^2} - \frac{1}{2}\sqrt{-\frac{3}{2} + a^2 \mp \sqrt{\frac{9}{4} + a^2}}, \\ x_5 = y_6 = +\frac{1}{2} a\sqrt{2}, \quad x_6 = y_5 = -\frac{1}{2} a\sqrt{2}. \end{array}\right.$$

136) $$\left.\begin{array}{l} x_1 = y_2 \\ x_2 = y_1 \end{array}\right\} = \frac{d \pm \sqrt{d^2 - 4}}{2\sqrt{1 + d}}.$$

137) $$\left\{\begin{array}{lll} x_1 = 1, & y_1 = 1, & z_1 = 2, \\ x_2 = 2\frac{1}{3}, & y_2 = -\frac{1}{3}, & z_2 = \frac{2}{3}. \end{array}\right.$$

138) $x_1 = x_2 = 1, \quad y_1 = y_2 = 1, \quad z_1 = z_2 = 1.$

139) $$\left\{\begin{array}{lll} x_1 = 1 & y_1 = 2, & z_1 = 3, \\ x_2 = -\frac{11}{124}, & y_2 = \frac{2}{31}, & z_2 = -\frac{63}{124}. \end{array}\right.$$

140) $$\left.\begin{array}{l} x_1 \\ x_2 \end{array}\right\} = \pm 6, \quad \left.\begin{array}{l} y_1 \\ y_2 \end{array}\right\} = \mp 7, \quad \left.\begin{array}{l} z_1 \\ z_2 \end{array}\right\} = \pm 8.$$

141) $$\left\{\begin{array}{lll} x_1 = 20, & y_1 = 18, & z_1 = -2, \\ x_2 = 17, & y_2 = 15, & z_2 = 4. \end{array}\right.$$

142) $\left.\begin{matrix}x_1\\x_2\end{matrix}\right\}=7,\quad \left.\begin{matrix}y_1\\y_2\end{matrix}\right\}=1\pm i\sqrt{11},\quad \left.\begin{matrix}z_1\\z_2\end{matrix}\right\}=1\mp i\sqrt{11},$
$\left.\begin{matrix}x_3\\x_4\end{matrix}\right\}=2,\quad \begin{matrix}y_3=4,\\y_4=3,\end{matrix}\quad \begin{matrix}z_3=3,\\z_4=4.\end{matrix}$

143) $\begin{matrix}x_1=8,\\x_2=3,\end{matrix}\quad \left.\begin{matrix}y_1\\y_2\end{matrix}\right\}=6,\quad \begin{matrix}z_1=3,\\z_2=8,\end{matrix}$
$\left.\begin{matrix}x_3\\x_4\end{matrix}\right\}=-3\pm i\sqrt{15},\quad \left.\begin{matrix}y_3\\y_4\end{matrix}\right\}=-11,\quad \left.\begin{matrix}z_3\\z_4\end{matrix}\right\}=-3\mp i\sqrt{15}.$

144) $\begin{matrix}x_1=5,\\x_2=-1,\end{matrix}\quad \left.\begin{matrix}y_1\\y_2\end{matrix}\right\}=3,\quad \begin{matrix}z_1=1,\\z_2=-5,\end{matrix}$
$\left.\begin{matrix}x_3\\x_4\end{matrix}\right\}=-\tfrac{3}{2}\pm\tfrac{1}{2}\sqrt{29},\quad \left.\begin{matrix}y_3\\y_4\end{matrix}\right\}=-4,\quad \left.\begin{matrix}z_3\\z_4\end{matrix}\right\}=\tfrac{3}{2}\pm\tfrac{1}{2}\sqrt{29}.$

145) $\begin{matrix}x_1=7,\\x_2=4,\end{matrix}\quad \begin{matrix}y_1=4,\\y_2=7,\end{matrix}\quad \left.\begin{matrix}z_1\\z_2\end{matrix}\right\}=2,$
$\begin{matrix}x_3=8,\\x_4=-1,\end{matrix}\quad \begin{matrix}y_3=-1,\\y_4=8,\end{matrix}\quad \left.\begin{matrix}z_3\\z_4\end{matrix}\right\}=-2.$

146) $\left.\begin{matrix}x_1\\x_2\end{matrix}\right\}=8,\quad \begin{matrix}y_1=5,\\y_2=2,\end{matrix}\quad \begin{matrix}z_1=2,\\z_2=5,\end{matrix}$
$\left.\begin{matrix}x_3\\x_4\end{matrix}\right\}=-8,\quad \left.\begin{matrix}y_3\\y_4\end{matrix}\right\}=\frac{23}{2}\pm\frac{i}{2}\sqrt{471},\quad \left.\begin{matrix}z_3\\z_4\end{matrix}\right\}=\frac{23}{2}\mp\frac{i}{2}\sqrt{471}.$

147) $\left.\begin{matrix}x_1\\x_2\end{matrix}\right\}=\pm1,\quad \left.\begin{matrix}y_1\\y_2\end{matrix}\right\}=\pm2,\quad \left.\begin{matrix}z_1\\z_2\end{matrix}\right\}=\pm3,$
$\left.\begin{matrix}x_3\\x_4\end{matrix}\right\}=\pm1,\quad \left.\begin{matrix}y_3\\y_4\end{matrix}\right\}=\pm2,\quad \left.\begin{matrix}z_3\\z_4\end{matrix}\right\}=\mp3,$
$\left.\begin{matrix}x_5\\x_6\end{matrix}\right\}=\pm1,\quad \left.\begin{matrix}y_5\\y_6\end{matrix}\right\}=\mp2,\quad \left.\begin{matrix}z_5\\z_6\end{matrix}\right\}=\pm3,$
$\left.\begin{matrix}x_7\\x_8\end{matrix}\right\}=\mp1,\quad \left.\begin{matrix}y_7\\y_8\end{matrix}\right\}=\pm2,\quad \left.\begin{matrix}z_7\\z_8\end{matrix}\right\}=\pm3.$

148) $\left.\begin{matrix}x_1\\x_2\end{matrix}\right\}=\pm1,\quad \left.\begin{matrix}y_1\\y_2\end{matrix}\right\}=\pm2,\quad \left.\begin{matrix}z_1\\z_2\end{matrix}\right\}=\pm3.$

149) $\left.\begin{matrix}x_1\\x_2\end{matrix}\right\}=\pm4,\quad \left.\begin{matrix}y_1\\y_2\end{matrix}\right\}=\pm5,\quad \left.\begin{matrix}z_1\\z_2\end{matrix}\right\}=\mp6.$

150) $\left.\begin{matrix}x_1\\x_2\end{matrix}\right\}=5\tfrac{16}{21},\quad \left.\begin{matrix}y_1\\y_2\end{matrix}\right\}=7\tfrac{13}{21}\pm\tfrac{1}{21}\sqrt{10959},\quad \left.\begin{matrix}z_1\\z_2\end{matrix}\right\}=7\tfrac{13}{21}\mp\tfrac{1}{21}\sqrt{10959}.$

151) $\left.\begin{matrix}x_1\\x_2\end{matrix}\right\}=\pm2,\quad \left.\begin{matrix}y_1\\y_2\end{matrix}\right\}=\pm5,\quad \left.\begin{matrix}z_1\\z_2\end{matrix}\right\}=\pm8.$

152) $\left.\begin{matrix}x_1\\x_2\end{matrix}\right\}=\frac{\pm1}{b-c},\quad \left.\begin{matrix}y_1\\y_2\end{matrix}\right\}=\frac{\pm1}{c-a},\quad \left.\begin{matrix}z_1\\z_2\end{matrix}\right\}=\frac{\pm1}{a-b}.$

153) $\left.\begin{matrix}x_1\\x_2\end{matrix}\right\}=\pm2,\quad \left.\begin{matrix}y_1\\y_2\end{matrix}\right\}=\pm3,\quad \left.\begin{matrix}z_1\\z_2\end{matrix}\right\}=\pm4,$
$\left.\begin{matrix}x_3\\x_4\end{matrix}\right\}=\pm2\tfrac{2}{3}\sqrt{3},\quad \left.\begin{matrix}y_3\\y_4\end{matrix}\right\}=\mp\tfrac{1}{3}\sqrt{3},\quad \left.\begin{matrix}z_3\\z_4\end{matrix}\right\}=\mp3\tfrac{1}{3}\sqrt{3}.$

154) $\begin{cases} x_1 = 1, & y_1 = 2, & z_1 = 3, & u_1 = 4, \\ x_2 = 5, & y_2 = 0, & z_2 = 1, & u_2 = 2. \end{cases}$

155) $\begin{cases} x_1 = 4, & y_1 = 3, & z_1 = 6, & u_1 = 2, \\ x_2 = 4, & y_2 = 3, & z_2 = 2, & u_2 = 6, \\ x_3 = 3, & y_3 = 4, & z_3 = 6, & u_3 = 2, \\ x_4 = 3, & y_4 = 4, & z_4 = 2, & u_4 = 6. \end{cases}$

156) $\begin{cases} x_1 = 7, & y_1 = 8, & z_1 = 2, & u_1 = 1, \\ x_2 = 4, & y_2 = 11, & z_2 = 1, & u_2 = 2. \end{cases}$

157) $\begin{cases} x_1 = 1, & y_1 = 2, & z_1 = 3, & u_1 = 4, \\ x_2 = 2, & y_2 = 1, & z_2 = 4, & u_2 = 3, \\ x_3 = 3, & y_3 = 4, & z_3 = 1, & u_3 = 2, \\ x_4 = 4, & y_4 = 3, & z_4 = 2, & u_4 = 1. \end{cases}$

158) $\begin{cases} x_1 = 1, & x_2 = 2, & x_3 = 3, & x_4 = 4, & x_5 = 5, & \text{ferner:} \\ x_1 = 17, & x_2 = -14, & x_3 = -13, & x_4 = -12, & x_5 = -11. \end{cases}$

§ 32.

Eingekleidete quadratische Gleichungen mit mehreren Unbekannten.

1) 20 und 35. 2) 1 und 4. 3) 32761 und 101761.

4) $\frac{1}{2} \pm \frac{1}{2}\sqrt{5}$ und $1\frac{1}{2} \pm \frac{1}{2}\sqrt{5}$, d. h. 1,618.. und 2,618.. oder −0,618.. und 0,382.

5) $a = 5$, $b = 4$. 6) 3. 7) 5 oder $4 + \sqrt{19}$, wenn die Reihe steigt; 3 oder $4 - \sqrt{19}$, wenn die Reihe fällt.

8) Bis 100.

9) Jede der 4 Proportionen, welche 27 und 2 zu äußeren, 9 und 6 zu inneren Gliedern haben.

10) Jede der 4 Proportionen, welche 16 und 5 zu äußeren, 10 und 8 zu inneren Gliedern haben.

12) Die Zahl ist 48. 13) Die Zahl ist 81.

14) Die Zahl ist 53. 15) Die Zahl ist 17.

16) Die Zahl ist 25. 17) Die Zahl ist 497.

18) Die Zahl ist 248. 19) Die Zahl ist 275.

20) Die Zahl ist entweder 4000 oder 25000.

21) Der Bruch ist $\frac{4}{9}$. 22) Der Bruch ist $\frac{3}{8}$.

23) Der Bruch ist $\frac{4}{5}$. 25) 8 *m* und 4 *m*.

26) 10 *cm*, 24 *cm*, 26 *cm*. 27) $33\frac{4}{5}$ *cm* und $31\frac{1}{5}$ *cm*.

28) 7 *cm*, 24 *cm*, 25 *cm*. 29) 20 *cm*, 21 *cm*, 29 *cm*.

30) 40 *cm*, 41 *cm*, 49 *cm*. 31) 24 *cm* und 70 *cm*.

32) 16 *cm* und 30 *cm*. 33) 5 *cm* und 20 *cm*.

34) 10 *m* lang und 15 *m* breit.

35) 10 AB ist 3 *m*, AD 6 *m*, CB 1 *m* und CD 2 *m* lang oder AB ist 1 *m*, AD 3 *m*, CB 0,5 *m* und CD 1,5 *m* lang.

36) $b = 9$ und $c = 4$ oder umgekehrt.

37) 11 und 7 Ecken. 38) 6 und 5 Punkte.

39) 4 *cbm*.

40) Herodot gibt 8 Plethren für die Länge der Basisseite an; und die Pyramide ist 150 *m* hoch.
41) Der von A kommende Bauer legte das *km* in 12 Minuten, der von B kommende in 15 Minuten zurück. Sie begegnen sich an einem 15 *km* von A entfernten Orte.
42) 10 *km*.
43) Die Rennbahn war 1200 *m* lang.
44) Die Omnibusräder haben $5{,}83\ldots$ bzw. $7{,}2\underline{4}$ *m* Umfang, die Droschkenräder $6{,}83\ldots$ bzw. $8{,}2\underline{4}$ *m* Umfang.
45) Sie waren 20 *m* bzw. 48 *m* vom Scheitel entfernt.
46) Das *kg* Kaffee kostet 2 ℳ, das *kg* Zucker 1 ℳ.
47) 12 junge Schweine, jedes zu 10 ℳ.
48) 6 Pferde, von denen jedes ihm zu 600 ℳ angerechnet wurde, oder, was mit den tatsächlichen Preisen kaum vereinbar ist, 20 Pferde, jedes zu 180 ℳ.
49) Er schätzte die Zeile zu 45 Buchstaben und die Seite zu 40 Zeilen.
50) Zuletzt hatte der Verein der Getreuen in Jever 6 Mitglieder, von denen jeder 17 Eier zu sammeln hatte.
51) (Irr.) Etwa 6,1 Millionen *ha* waren mit Roggen und etwa 1,9 Millionen *ha* waren mit Weizen bepflanzt.

Sechster Abschnitt.

§ 33.

Potenzen mit ganzzahligen Exponenten.

32) 8166. 33) 0. 34) 139. 35) 1. 36) 0.
37) $-6\frac{29}{343}$ 38) 3355. 39) 4. 40) 819. 41) 549.
42) 24. 43) 48576. 44) $\frac{13}{864}$. 45) 0,059. 46) 3.
47) 2,28. 48) −211. 49) 128. 50) −5. 51) 211.
72) $70(2a+3b)^{3x+3y}$. 73) $\frac{2}{3}(x-y)^{4a+4b}$.
86) $a^x b^y$. 88) $32\cdot(3a-5b)^{5x+5y}\cdot(4a+7b)^{3x+7}$.
123) $\frac{a^m\cdot c^{6m}}{b^{m+p}}$. 124) $p^{4c-b-5a}\cdot q^{4a+b+6{,}2c}$.
125) $\frac{1}{6}p^x\cdot q\cdot r^{4x+3}$. 128) a^{2p}.
207) $a^{16}\cdot b^{33}\cdot c^{15}$. 208) $a^{32}\cdot b^{24}\cdot c^{68}$. 209) $a^3\cdot b^{13}\cdot c^2$.
210) $\frac{c^8}{a^2\cdot b^{15}}$. 211) $\frac{b}{a^4}$. 212) $12a^{17}b^{20}$.
213) $6(abc)^3$. 214) $21(abc)^{21}$. 215) $\frac{125}{(abc)^7}$.
216) $\frac{a^{10}b^{4n+14}}{c^4}$. 230) $2a^4b^3(a^2+2ab-3b^2)$.
231) $8x^8y^8$. 232) $4x^{7a+10b}$. 233) $6a^2b^5-6a^5b^2$.
234) $2a^{5x+7y}+8a^{4x-9y}$. 237) $x^{12(p+1)}-1$.

238) $x^{3a+6b} - y^{6a+3b}$. 239) $x^{6a+9b} + y^{15a-6b}$.

240) $16\,x^{8a-4b} - 81\,y^{12a}$. 241) $a^{16x+8y} - 2\,a^{8x+4y} \cdot b^{2y} + b^{4y}$.

242) $x^{n-1} + x^{n-2}y + x^{n-3}y^2 + \ldots + x\,y^{n-2} + y^{n-1}$.

243) $x^{2n-1} - x^{2n-2}y + x^{2n-3}y^2 - + \ldots + x\,y^{2n-2} - y^{2n-1}$.

244) $x^{2n} - x^{2n-1}y + x^{2n-2}y^2 - + \ldots - x\,y^{2n-1} + y^{2n}$.

247) $(a^2 - 3\,a\,b + 2\,b^2)^x$.

254) $6\,a^{5x+2y} + 9\,a^{4x+3y} - 4\,a^{3x+4y} - 6\,a^{2x+5y}$.

255) $12\,a^{5x-y} + 4\,a^{4x-2y} - 8\,a^{3x-3y}$.

256) $x^{2p+4q} + 3\,x^{p+2q}y^{3p-q} + 2\,y^{6p-2q}$.

275) $\frac{1+x}{x^{3n+1}}$. 276) $\frac{7}{x^8}$. 277) $\frac{1}{x^{2n}}$.

278) $\frac{a^{2p} + a^{2q}}{a^{2p} - a^{2q}}$. 279) $\frac{2\,x\,y^2}{8\,x^3 - 125\,y^3}$. 280) $\frac{-2\,y^{3a-6b}}{x^{8a+4b} - y^{4a-8b}}$.

317) y. 318) $\frac{3\,b^9\,c^{15}}{a^{23}}$. 337) $6\,a\,b^2$. 338) $6\,a^4\,b^2$.

341) $3\,p^4 + 7 + \frac{4}{p^4}$. 342) $10\,a^2 + 7\,a - 5 - \frac{9}{a} - \frac{3}{a^2}$. 345) $a^r + \frac{3}{b^s}$.

348) $x_1 = 4$, $x_2 = 3$. 349) $x_1 = 4$, $x_2 = -9$.

350) $x_1 = -5$, $x_2 = -20$. 351) $x_1 = 5$, $x_2 = -6$.

§ 34.
Wurzeln.

10) a) 0; b) 2; c) 0; d) -2.

121) $p^3 \cdot \sqrt[12]{p^7}$. 122) $a \cdot \sqrt[40]{a^{11}}$. 123) $a^2 \cdot \sqrt[4]{a}$.

124) $\sqrt[24]{a^{17}}$. 125) $\sqrt[42]{a^{13}}$. 126) $\sqrt[10]{p^3}$.

127) $\sqrt[8]{a^5}$. 128) a. 129) $a^3 \cdot \sqrt[20]{a}$.

130) $p \cdot \sqrt[6]{p^4\,q^5}$. 131) $a \cdot \sqrt[18]{a\,b^{17}\,c^{15}}$. 132) $a \cdot \sqrt[12]{a^2\,b^7}$.

133) $\sqrt[54]{\frac{a^7}{b^7}}$. 134) $\sqrt[8]{a^3\,b^2}$. 135) $\sqrt[24]{\frac{a}{b^2}}$.

136) $2 \cdot \sqrt[15]{16}$. 137) $2 \cdot \sqrt[4]{8}$. 138) 9.

139) $\sqrt[8]{128}$. 140) $2 \cdot \sqrt[4]{2}$. 141) $5 \cdot \sqrt[12]{5}$.

142) $\sqrt[8]{5}$. 143) $8 \cdot \sqrt{2}$. 144) $\frac{1}{3} \cdot \sqrt[3]{45}$.

145) $\sqrt[12]{a^{11}}$. 146) $\sqrt[15]{n^8}$. 147) $\sqrt[27]{p^9\,q^3\,r^2}$.

148) $\sqrt[35]{a^{16}\,b^{12}}$. 149) $a^2 \cdot \sqrt[8]{a^5}$. 150) $a \cdot \sqrt[8]{a^3\,b}$.

151) $1 : \sqrt[15]{a^8}$. 152) $\sqrt[qn]{a^{pq+r}}$. 153) $\sqrt[pqr]{a^{qrx+ry+z}}$.

154) $\sqrt[6]{32}$. 155) $\sqrt[15]{81}$. 156) $\frac{1}{3} \cdot \sqrt[4]{54}$.

165) 37. 166) 68. 167) 159. 168) 318.

169) 835. 170) 1804. 171) 4,6. 172) 0,46.

73) 30. 174) $\frac{1}{15}$.

176) a) 16^3; b) 38^3; c) 12^3; d) 77^3; e) 325^3; f) 179^3.

177) 15. 178) 15. 179) 170. 180) 78.
181) $1\frac{103}{400}$. 182) $1\frac{129}{500}$. 183) $\frac{363}{400}$. 184) $1\frac{23}{50}$.
185) a) 3,77 und 3,78; b) 3,01 und 3,02; c) 16,20 und 16,21; d) 0,85 und 0,86; e) 0,77 und 0,78.
186) $a + 2b$. 187) $3x + \frac{1}{3}$. 188) $2a^2b + \frac{5}{12ab}$.
189) $\frac{1}{2}x - \frac{2}{3}y$. 190) $2 + 5x + 4x^2$. 191) $a^4 - 2a^2 + 0{,}5$.
192) $a + \frac{1}{b} + \frac{1}{c}$. 193) $x^p + x^q + 4$.
195) a) 22; b) 63. 196) a) 31 und 32; b) 15 und 16.
202) a) 1,58 und 1,59.
203) $1{,}2\underline{6}$. 204) 5,24.. 205) 0,61..
206) $2{,}8\underline{\underline{3}}$. 207) 2,06.. 208) $-0{,}41$..
209) $0{,}3\underline{\underline{2}}$. 210) $2{,}2\underline{\underline{4}}$ 211) $3{,}7\underline{8}$ πήχεις.
212) $14 \cdot \sqrt{2}$. 213) $\frac{7}{4}$. 214) $\sqrt{6}$.
215) $\sqrt[3]{2}$. 216) $\sqrt{2}$. 217) $\frac{1}{4} \cdot \sqrt[3]{28}$.
218) $25 \cdot \sqrt[4]{2}$. 219) $\frac{1}{10}\left(4 - 2 \cdot \sqrt[3]{2} + \sqrt[3]{4}\right)$.
220) $21 \cdot \sqrt[3]{3} + 16 \cdot \sqrt[3]{7} + 16 \cdot \sqrt[3]{9} + 12 \cdot \sqrt[3]{21} + 9 \cdot \sqrt[3]{49} + 4 \cdot \sqrt[3]{441}$.
221) $\frac{1}{2}$. 222) 2. 223) -1.
224) $x = \sqrt[3]{7} = 1{,}91$.. 225) $x = -\sqrt[3]{7} = -1{,}91$..
226) $x = \pm 1{,}41$.. 227) $x = \pm\sqrt{0{,}2} = \pm 0{,}4\underline{5}$.
228) $x = \sqrt[3]{1 + \sqrt{2}} = 1{,}34$.. 229) $x = \sqrt[5]{6} = 1{,}43$..
230) $x = -\sqrt[5]{6} = -1{,}43$..
239) $x = \sqrt[3]{25} - \sqrt[3]{5} + 1$. 240) $x_1 = 0$, $x_2 = -2\sqrt{5}$.
241) $x = \frac{2}{15}\left(9 - 3\sqrt[3]{3} + \sqrt[3]{9}\right)$. 242) $x = \sqrt[5]{2}(\pm\sqrt{3} - 1)$.
243) $x = \frac{1}{2}\sqrt[3]{2}(\pm\sqrt{13} - 1)$. 244) $x_1 = 2$, $x_2 = 0{,}5$.
245) $x_1 = 2$, $x_2 = -\sqrt[5]{24}$. 246) $x_1 = -2\frac{1}{2} \pm \frac{7}{18}\sqrt{57}$.
247) $x = 2$, $y = 3$. 248) $x = 2$, $y = 3$, $z = 4$, $u = 1$.
249) $x_1 = y_2 = 1$, $x_2 = y_1 = 2$. 250) $x = \pm 8$, $y = \pm 6$.
251) $x_1 = z_2 = 4$, $x_2 = z_1 = 9$, $y_1 = y_2 = 6$.
252) $\begin{cases} x_1 = 2, \quad y_1 = 3, \quad z_1 = 5, \\ x_2 = \sqrt[3]{20}, \quad y_2 = -\frac{3}{2}\sqrt[3]{20}, \quad z_2 = \frac{5}{2}\sqrt[3]{20}, \\ x_3 = -\frac{2}{3}\sqrt[3]{45}, \quad y_3 = +\sqrt[3]{45}, \quad z_3 = +\frac{5}{3}\sqrt[3]{45}. \end{cases}$

§ 35.
Potenzen mit gebrochenen und irrationalen Exponenten.

7) 28. 8) -115, 9) 3375. 10) $5062\frac{1}{2}$.
11) $\frac{36}{49}$. 12) 4145. 13) 32 768. 14) 32 768.
15) $0{,}31\underline{8}$. 16) 14. 17) 0,0077.. 18) 0,4525.. 19) 4,39..

71) a) $k = 1$; b) $k = \frac{6}{5}$; c) $k = \frac{7}{6}$.
72) a) $k = 1$; b) $k = -\frac{5}{3}$; c) $k = \frac{1}{6}$.

77) a) $x = 32$; b) $x = 25$; c) $x = 4$; d) $x_1 = 81$, $x_2 = 3\sqrt[3]{3}$.

78) $x = -2$. 79) $x = 1\frac{1}{3}$. 80) $x = 10$.
81) $x = 1$. 82) $x = -7$. 83) $x = 31$.
84) $x = 3$. 85) $x = 8$. 86) $x = 8$.
87) $x = 3$. 88) $x = 5$. 89) $x = 5$.
90) $x = 10$. 91) $x = 8$. 92) $x = 2$.
93) $x = 3$. 94) $x = 3$. 95) $x = 0$.
96) $x = -8$. 97) $x = \frac{1}{2}$. 98) $x = 9$.
99) $x = 1$. 100) $x = 1\frac{1}{2}$. 101) $x = 6$.
102) $x = 20$. 103) $x = 3$. 104) $x = 1$.

105) $\begin{cases} x = 8, \\ y = 2. \end{cases}$ 106) $\begin{cases} x = 5, \\ y = 2. \end{cases}$ 107) $\begin{cases} x = 3, \\ y = 4. \end{cases}$

108) $\begin{cases} x = 3, \\ y = 5. \end{cases}$ 109) $\begin{cases} x = 1, \\ y = 6. \end{cases}$ 110) $\begin{cases} x = \dfrac{a}{a-b}, \\ y = \dfrac{b}{a+b}. \end{cases}$

111) $\begin{cases} x = 1, \\ y = 2, \\ z = 3. \end{cases}$ 112) $\begin{cases} x = +a - b - c, \\ y = -a + b - c, \\ z = -a - b + c. \end{cases}$

113) $\begin{cases} x_1 = 3, \\ x_2 = -1. \end{cases}$ 114) $\begin{cases} x_1 = 4, \\ x_2 = 2. \end{cases}$ 115) $\begin{cases} x_1 = +1, \\ x_2 = -1. \end{cases}$

116) $\begin{cases} x_1 = 2, \\ x_2 = -3. \end{cases}$ 117) $\begin{cases} x_1 = 2, \\ x_2 = -\frac{1}{3}. \end{cases}$ 118) $\begin{cases} x_1 = 3, \\ x_2 = -15. \end{cases}$

119) $\begin{cases} x_1 = 8, \\ x_2 = 7. \end{cases}$ 120) $\begin{cases} x_1 = 2, \\ x_2 = -2\frac{1}{2}. \end{cases}$ 121) $\begin{cases} x_1 = 13, \\ x_2 = 1\frac{1}{3}. \end{cases}$

122) $\begin{cases} x_1 = 5, \\ x_2 = 2\frac{1}{2}. \end{cases}$ 123) $\begin{cases} x_1 = 5, \\ x_2 = -\frac{1}{3}. \end{cases}$ 124) $\left.\begin{matrix} x_1 \\ x_2 \end{matrix}\right\} = -3\frac{1}{2} \pm \frac{1}{2}\sqrt{3}$.

125) $\begin{cases} x_1 = 3, & y_1 = 1, \\ x_2 = -5, & y_2 = -7. \end{cases}$ 126) $\begin{cases} x_1 = 7, & y_1 = 3, \\ x_2 = 3, & y_2 = 1. \end{cases}$

§ 36.

Logarithmen.

Für die folgenden Resultate beachte man die Bemerkung in der Aufgabensammlung vor Aufgabe 88). Für jede Aufgabe ist neben dem Resultat für fünfstellige Rechnung in Klammern das Resultat für vierstellige Rechnung angegeben. Die letzte Ziffer ist, wenn sie sehr unzuverlässig ist, in eckige Klammer gesetzt.

111) 0,94050 (0,9404). 112) 2,3865 (2,386).
113) 3,6398 (3,639). 114) 2068,2 (2068).
115) 0,0050370 (0,005037). 116) 1,0428 (1,042).

117) 0,15106 (0,1511).
118) 1320,4 (1320).
119) 17,848 (17,85).
120) 7,2495 (7,251).
121) 137,94 (137,9).
122) 0,055132 (0,05513).
123) 0,0015127 (0,001513).
124) 0,31831 (0,3183).
125) 22,510 (22,51).
126) 0,69249 (0,6923).
127) 5,9198 (5,922).
128) 18,596 (18,59).
129) 10,267 (10,27).
130) 107,75 (107,7).
131) 0,0067582 (0,006759).
132) 31,007 (31,02).
133) 3021[3] (301[70]).
134) 0,6331[4] (0,633[1]).
135) 3,401[9] (3,40[1]).
136) 0,00066216 (0,0006621).
137) 0,001977[3] (0,00197[7]).
138) 92,325 (92,32).
139) 69,204 (69,20).
140) 1,4142 (1,414).
141) 1,3205 (1,320).
142) 1,2710 (1,271).
143) 1,3275 (1,327).
144) 2,1545 (2,154).
145) 1,9395 (1,940).
146) 0,99993 (0,9999).
147) 0,45604 (0,4560).
148) 6,0000 (5,999).
149) 0,82585 (0,8258).
150) 2,256[7] (2,25[7]).
151) 1,769[9] (1,76[6]).
152) 16,30[2] (16,2[6]).
153) 525,3[5] (525,[0]).
154) 1,666[5] (1,66[5]).
155) 7,604[0] (7,60[7]).
156) 15,000 (15,00).
157) 3,8730 (3,873).
158) 44,851 (44,85).
159) 1,4319 (1,432).
160) 2,2814 (2,281).
161) 0,18771 (0,1877).
162) 4,5892 (4,589).
163) 4,7618 (4,762).
164) 2,1162 (2,116).
165) 0,45430 (0,4546).
166) 40,87[8] (40,9[1]).
167) 32,00[7] (32,0[0]).
168) 17,085 (17,08).
169) 0,083589 (0,08358).
170) 0,87432 (0,8744).
171) 1,0528 (1,053).
172) 1,7877 (1,788).
173) 0,031340 (0,03134).
174) —4,6416 (—4,642).
175) —1,8206 (—1,821).
177) 0,58779 (0,5878).
178) 1,2175 (1,217).
179) 6,9285 (6,928).
180) 2,2964 (2,296).
181) 1,1284 (1,128).
182) 1,0998 (1,100).
183) 13,647 (13,65)
184) 1,3966 (1,397).
185) 1,2131 (1,213)
186) a) 6,6069 (6,607); b) 1,8655 (1,866).
187) a) 3,4878 (3,488); b) 10,934 (10,93); c) 0,010392 (0,01039).
188) 1,3035 (1,304).
189) a) 28378 (28380); b) 11023 (11030); c) 1,4454 (1,445).
190) 26382 (26390).
191) a) $\begin{cases} x_1 = 0,32610 \ (0,3261), \\ x_2 = -1,4553 \ (-1,455); \end{cases}$ b) $\begin{cases} x_1 = -0,0897 \ (-0,089), \\ x_2 = -8,1335 \ (-8,133). \end{cases}$
192) 1244,1 *qcm* (1244 *qcm*).
193) 41,955 *qcm* (41,95 *qcm*).
194) a) 1191,6 *qcm* (1192 *qcm*); b) 70,089 *cm* (70,10 *cm*).

195) 58009 *qm* (58010 *qm*). 196) 232,3[8] *qm* (232,[5] *qm*).
197) a) r = 4,9188 (4,919); b) ϱ = 2,3874 (2,387).
c) m = 6,5157 (6,516).
198) a) $463{,}24\,\frac{m}{sec}$, $\left(463{,}1\,\frac{m}{sec}\right)$; b) $29667\,\frac{m}{sec}$ $\left(29660\,\frac{m}{sec}\right)$.
199) 4033,8 *l* (4034 *l*). 200) 147,[98] *m* (14[8,9] *m*).
201) Der Neptun ist 30,034 (30,04) mal so weit von der Sonne entfernt wie die Erde.
202) 34,8[98] (34,[67]). 203) 1,1104 (1,110).
204) 1,4447 (1,445). 205) 1,01[04] (1,0[10]).
206) 2,3659 (2,366). 207) 1,5384 (1,539).
208) −0,82124 (−0,8211). 209) 1,3184 (1,318).
210) Mit ungefähr 369680000 (369300000) Ziffern.
211) Ungefähr 9,4041 (9,404) Quadrillionen *mm* (das Jahr zu $365\frac{1}{4}$ Tagen gerechnet).
212) 1350 Quadrillionen Stearinkerzen.
213) 296 *mm*. 214) 100 Stellen.
215) x = 5,2813 (5,281). 216) x = 0,48772 (0,4879).
217) x = 7,2380 (7,241). 218) x = 0,98837 (0,9886).
219) x = 2,0917 (2,092). 220) x = −0,60832 (−0,6084).
221) x = 1,9942 (1,994). 222) x = 2,612[4] (2,61[5]).
223) x = 0. 224) $x = \frac{3\log a + 4\log b - 7\log c}{5\log a + 4\log b - 6\log c}$.
225) $x = -\frac{pq\log a + rs\log b}{\log a + \log b}$. 226) $\begin{cases} x = 1{,}2128\ (1{,}213), \\ y = 5{,}2128\ (5{,}213). \end{cases}$
227) $\begin{cases} x = 9{,}5664\ (9{,}568), \\ y = 2{,}7555\ (2{,}756). \end{cases}$ 228) $\begin{cases} x = 5\ (5{,}001), \\ y = 1019\ (1019). \end{cases}$
229) $x = \frac{\log b \cdot \log f - \log c \cdot \log e}{\log b \cdot \log d - \log a \cdot \log e}$, $y = \frac{\log c \cdot \log d - \log a \cdot \log f}{\log b \cdot \log d - \log a \cdot \log e}$.
230) $\log x = \frac{\log a(\log\log a - \log\log b)}{\log a - \log b}$, $y = \frac{\log b(\log\log a - \log\log b)}{\log a - \log b}$.
231) $\begin{cases} x_1 = 2{,}3602\ (2{,}361). \\ x_2 = -1{,}0392\ (-1{,}039). \end{cases}$ 232) x = ±1,6078 (±1,608).
233) $\begin{cases} x_1 = -0{,}31391\ (-0{,}3139), \\ x_2 = -1{,}50405\ (-1{,}5039). \end{cases}$ 234) $\begin{cases} x_1 = 32{,}87[8]\ (32{,}8[9]), \\ x_2 = 0{,}03041[6]\ (0{,}0304[1]). \end{cases}$
235) $x_1 = 1000$, $x_2 = \frac{1}{10}$.
236) $x = N\left(-\frac{a}{2b} \pm \frac{1}{2b}\sqrt{a^2 + 4b \cdot \log c}\right)$.

§ 37.

Geometrische Reihen und ihre Anwendungen, insbesondere auf die Zinseszins- und Rentenrechnung.

8) a) 2216,[8] (221[8]); b) 0,1008[8] (0,100[9]);
c) 0,7014[9] (0,700[3]); d) −0,02909[2] (−0,0290[7]).

9) a) 1,4286 (1,429); b) 1,2069 (1,207);
c) 1,6216 (1,622); d) 0,83543 (0,8354).

11) 3,1416 (3,141).

13) a) 1023; b) 2,21098 (2,2110); c) 1160[50] (116[000]).

14) 7 Glieder. 17) 44,067.

19) a) $a = \frac{z}{q^{n-1}}$; b) $a = \frac{(q-1)s}{q^n - 1}$;
c) $a = qz - (q-1)s$; d) $z = \frac{(q-1)s\,q^{n-1}}{q^n - 1}$;
e) $z = \frac{a + (q-1)s}{q}$; f) $q = \sqrt[n-1]{\frac{z}{a}}$;
g) $n = \frac{\log z - \log a}{\log(s-a) - \log(s-z)} + 1$.

20) a) $a = 0{,}74075$ (0,7406), $s = 29{,}630$ (29,63);
b) $a = 0{,}85460$ (0,8547), $s = 3500{,}4$ (3501);
c) $a = 10$, $n = 15$;
d) $a = 2{,}5616$ (2,562), $z = 23{,}054$ (23,05);
e) $z = 163840$, $n = 15$;
f) $q = 1{,}0876$ (1,088), $s = 217{,}[03]$ (21[6,4]);
g) $q = 2$, $n = 15$.

21) 6, 12, 24, 48, ..., 768, 1536.

22) 1,0595 (1,059).

23) $\frac{24}{17}$, $\frac{96}{17}$, $\frac{384}{17}$, ... oder $\frac{24}{17}$, $-\frac{96}{17}$, $\frac{384}{17}$, ...

24) $788\frac{1}{8}$.

25) $a_1 = 14$, $a_2 = 378$,
$q_1 = 3$, $q_2 = \frac{1}{3}$,
$z_1 = 275562$, $z_2 = 0{,}019205$ (0,01921),
$s_1 = 413336$, $s_2 = 566{,}99$ (567,0).

26) a) 922,[34] (91[4,1]) *cbkm*; b) 6,78[19] (6,7[22]) *mm*.
c) 584[5,5] (58[20]) Jahre.

27) Viermal so viel.

28) In der Viertelstunde zwischen 1 Uhr 45 Minuten und 2 Uhr mittags.

29) Nach 7 Kolbenzügen.

30) a) Zu 72 bis 73 *Pf*; b) zu 61 bis 62 *Pf*.

31) Ein halbes Liter.

32) $b \cdot \left(\frac{b'}{b}\right)^{\frac{k-h}{h'-h}}$ *mm*. 33) a) $1\frac{4095}{4096}$; b) $1\frac{8191}{8192}$; c) 2.

34) a) $\frac{2}{3}$; b) 15; c) $\frac{10}{9}a$; d) $8(2-\sqrt{2})$.

35) $s = 10000$. 36) 72,9.

40) 3,1416 (3,142) *qcm*.

45) a) $\frac{n x^{n+2} - (n+1)x^{n+1} + x}{(x-1)^2}$;
b) $\frac{(2n+1)x^{2n+3} + (2n+2)x^{2n+2} + x}{(x+1)^2}$;

c) $\frac{(2n+1)x^{n+2} - (2n+3)x^{n+1} + x + 1}{(x-1)^2}$;

d) $\frac{(4n+3)x^{2n+3} + (4n+5)x^{2n+2} + x - 1}{(x+1)^2}$;

e) $\frac{(a+nd)x^{n+2} - [a+(n+1)d]x^{n+1} - (a-d)x + a}{(x-1)^2}$;

f) $\frac{x^{n+2} + x^n - 2(n+1)x + 2n}{x^n(x-1)^2}$;

g) $\frac{(2n+1)x^{2n+5} - (2n+3)x^{2n+3} + x^3 + x}{(x^2-1)^2}$;

h) $\frac{2n \cdot x^{2n+4} - (2n+2)x^{2n+2} + 2x^2}{(x^2-1)^2}$.

49) a) 1462,80 (1463) ℳ; b) 1075,10 (1075) ℳ;
c) 888,14 (888,20) ℳ; d) 716,34 (716,50) ℳ.

50) 1873,0 (1873) ℳ.

51) 30475 (30470) *cbm.*

52) 4169,0 (4170) Millionen Mark.

53) 330[0700] (33[21000]) Einwohner.

54) 262[12000] (26[300000]) ℳ.

Bemerkung: Weil aber die Sparkasse nur Beträge von 10 ℳ an verzinst, wird diese Summe nicht erreicht werden, das Kapital wird vielmehr nur 14975000 ℳ betragen (s. M. Cantor, Politische Arithmetik, S. 36 u. f.).

55) $131\frac{1}{2}$ mal so groß. 56) 9178 (918[0]) ℳ.

57) 3916 (392[0]) ℳ. 58) 17112 (17110) ℳ.

59) a) 21910 (21910); b) 4,00 % (4,0 %);
c) Die in der Aufgabe gestellte Frage ist zurückzuführen auf die einfachere Frage, ob

$$\left(1 + \frac{p_1}{100}\right)\left(1 + \frac{p_2}{100}\right) \text{ gleich ist } \left(1 + \frac{p_1 + p_2}{200}\right)^2.$$

60) 1978,[7] (197[9]) Millionen Frank.

61) 3177,80 (3178) ℳ. 62) B bietet am meisten.

63) 17554,50 (17554) ℳ.

64) 9983 (9980) ℳ und 10283 (10280) ℳ.

65) a) Bei 5,08 % (5,1 %); b) bei 5,44 % (5,4 %);
c) bei 5,79 % (5,8 %).

66) 11,37 % (11,4 %). 67) Mit 2,54 % (2,5 %).

68) 4,41 % (4,4 %). 69) Bei 4,71 % (4,7 %).

71) 3 %.

73) a) In 3,7369 (3,738) Jahren oder 3 Jahren 8 Mon. 25 (26) Tagen;
b) in 14,207 (14,21) Jahren oder 14 Jahren 2 Mon. 15 (16) Tagen;
c) in 47,194 (47,20) Jahren oder 47 Jahren 2 Mon. 10 (12) Tagen;
d) in 141,58 (141,6) Jahren oder 141 Jahren 6 Mon. 29 Tagen (7 Mon. [6 Tagen]).

74) In 13,025 (13,03) Jahren oder 13 Jahren 9 Tagen (11 Tagen).
75) a) In 17,673 (17,68) Jahren oder 17 Jahren 8 Mon. 2 (5) Tagen;
b) in 15,748 (15,74) Jahren oder 15 Jahren 8 Mon. 29 (26) Tagen;
c) in 14,207 (14,21) Jahren oder 14 Jahren 2 Mon. 15 (16) Tagen;
d) in 12,946 (12,95) Jahren oder 12 Jahren 11 Mon. 11 (12) Tagen.
76) In 37,84[7] (37,8[4]) Jahren oder 37 Jahren 10 Mon. 5 (2) Tagen.
77) Im Jahre 900 (899) nach Chr. Geb.
78) Nach 29,040 (29,03) Jahren oder 29 Jahren 14 (11) Tagen.
79) a) 1200,6 (1200) ℳ; b) 1243,2 (1242) ℳ;
c) 1287,4 (1287) ℳ.
80) 12833 (12830) ℳ. (Am Ende des Jahres 1883 ist die 24ste Zahlung geleistet.)
81) 4056[5] (405[40]) ℳ. 82) 2634[3] (263[40]) ℳ.
83) 4331,1 (4330) ℳ. 84) 6813 (6810) ℳ.
85) 2891,[0] (289[0]) ℳ. 86) 1170[8] (117[2]).
87) 8988[3] (898[70]) ℳ. 88) 781 (781) ℳ.
89) a) Nach 3,92[42] (3,9[17]) Jahren;
b) nach 3,91[55] (3,9[01]) Jahren;
c) nach 3,90[25] (3,9[08]) Jahren.
(Vierstellige Rechnung ist also zu ungenau.)
90) Der Sohn war im vierten Jahre.
91) 670,4[1] (671,[1]) ℳ. 92) 499,99 (500,40) ℳ.
93) 592,66 (592,70) ℳ.
96) 18022 (18020) ℳ. 97) 107090 (107100) ℳ.
98) 2195[6] (219[60]) ℳ.
99) 35979 (35970) ℳ. (Die letzte Zahlung erfolgt 24 Jahre nach der Einzahlung des Kapitals.)
100) 2590[7] (259[10]) ℳ. (Die letzte Zahlung findet 21 Jahre nach dem Anfangstermin statt.)
101) 7947 (795[0]) ℳ. 102) 7809[0] 780[00] ℳ.
103) a) Gewinn von 436,10 (435) ℳ;
b) Verlust von 1755,70 (1756) ℳ;
c) Gewinn von 1916,70 (1916) ℳ.
104) Gegen Ende des Jahres 1925.
105) a) 12 mal (genau 12,63[5] (12,6[4]));
b) 61[9] (6[10]) ℳ. (Die erste Rate ist nach 5 Jahren, die zwölfte also nach 16 Jahren zu zahlen.)
106) a) Nach 18 [genau 17,673 (17,68) Jahren];
b) 644 (63[0]) ℳ.
107) 14,324 (14,33) Jahre oder 14 Jahre 3 Mon. 27 (29) Tage.
108) Genau 10 mal.
109) a) 9 mal [genau 9,9452 (9,945)];
b) 227[4] (229[0]) ℳ.
110) a) 37 mal (genau 37,98[3] (37,9[9]));
b) die Restzahlung ein Jahr nach der letzten Zahlung, also nach 37 Jahren, beträgt 14[80] (15[00]) ℳ.

111) 16,27[5] (16,2[7]) Millionen Sesterzien am Ende jedes Jahres.
112) 1632,[6] (163[2]) *cbm.* 113) 1490,[6] (149[1]) ℳ.
114) 2048,[30] (204[8]) ℳ. 115) 17830 (17830) ℳ.
116) 2337[0] (233[60]) ℳ.
117) a) 477,8[9] (478,[0]) ℳ; b) 272,3[9] (272,[5]) ℳ.
119) a) 69820 (69820) ℳ; b) 72035 (72030) ℳ; c) 79748 (79740) ℳ.
120) a) 72472 und 72485; b) 15095 und 15098; c) 10606 und 10608; d) 10198 und 10200.
121) a) 1480,20 (1480) ℳ; b) 1485,90 (1486) ℳ; c) 1488,80 (1489) ℳ; d) 1490,30 (vierstellig zu ungenau).
122) a) 25986 (25990) ℳ; b) 26339 (26360) ℳ.
123) a) 14,207 Jahre oder 14 Jahre 2 Mon. 15 Tage; b) 13,88[3] Jahre oder 13 Jahre 10 Mon. [18] Tage.
124) a) 12006; b) 1203[9]; c) 12220.
125) 13[4000].
126) a) 294,1[6] ℳ; b) 295,[56] ℳ; c) 295,[56] ℳ. (Zwischen den Raten in b) und c) ergibt die logarithmische Rechnung also auch bei fünfstelligen Tafeln keinen Unterschied, trotzdem die Rate in c) größer ist.)
127) 2811,[70] (282[3]). 128) a) 960,8[8] (960,[10]) ℳ.
130) 100000 ℳ. 131) 2088,[10] (208[3]) ℳ.
132) Mit 100 Talenten.

Siebenter Abschnitt.

§ 38.

Permutationen.

13) 90 sechsziffrige Zahlen. 14) auf 16632 fache Weise.
15) 60 Komplexe. 17) 33 Ziffern.
23) $\frac{9!}{3!\,1!\,1!\,1!\,1!\,1!\,1!}$. 24) $\frac{6!}{2!\,1!\,1!\,1!\,1!}$.

§ 39.

Variationen.

9) 24. 10) 210. 15) 216.
16) 32. 17) 128. 21) Bei 3 Dingen.

§ 40.

Kombinationen.

4) 330. 8) Auf 70 Arten. 9) Auf 1680 Arten.
10) 2753 Billionen 294408 Millionen 204640.
11) 53644 Quadrillionen 737765 Trillionen 488792 Billionen 839237 Millionen und 440000.

14) Auf 90 fache Weise. 16) Bei 4 Elementen.
17) 20 mal. 18) 21 mal. 19) 462 mal.
20) 21. 21) 84. 22) 84.

§ 41.
Eigenschaften der Kombinationszahlen.

24) 210. 26) 500500. 27) 494550.
28) 194950. 29) 4949550. 30) 2870.
31) 328350. 32) 328065. 34) 6084.
35) 42075. 37) $\frac{n^5}{5} + \frac{n^4}{2} + \frac{n^3}{3} - \frac{n}{30}$.

38) $\frac{n^6}{6} + \frac{n^5}{2} + \frac{5}{12} n^4 - \frac{1}{12} n^2$.

§ 42.
Der binomische Lehrsatz.

11) $19601 - 13860\sqrt{2}$. 12) $305 - 270\sqrt{6}$. 13) $-16 + 16i$.
55) $3x^2 + 9x + 7$. 56) $-x^4 - 7x^3 - 14x^2 + 3x + 27$.
57) $i[12a^5b - 40a^3b^3 + 12ab^5]$.
58) $16\sqrt{ab}(a^3 + 7a^2b + 7ab^2 + b^3)$.

§ 43.
Der polynomische Lehrsatz.

10) $132 + 72\sqrt{2} + 48\sqrt{5} + 40\sqrt{10}$.

§ 44.
Wahrscheinlichkeitsrechnung.

16) $\frac{5}{22}$. 17) $\frac{6}{11}$. 18) $\frac{7}{620}$. 19) $\frac{7}{155}$. 20) $\frac{16}{155}$.
21) $\frac{253}{620}$. 22) $\frac{69}{155}$. 23) $\frac{367}{620}$. 24) $\frac{3}{32}$. 25) $\frac{27}{310}$.
26) $\frac{1}{36}$. 27) $\frac{5}{12}$. 28) $\frac{5}{9}$. 29) 1. 30) $\frac{1}{216}$.
31) $\frac{5}{72}$. 32) $\frac{7}{27}$. 33) $\frac{5}{27}$. 34) $\frac{5}{36}$. 35) $\frac{1}{8}$.
36) $\frac{1}{216}$. 37) $\frac{5}{54}$. 38) $\frac{5}{72}$. 39) $\frac{5}{9}$. 40) $\frac{5}{18}$.
41) $\frac{5}{324}$. 42) $\frac{21}{3596}$. 43) $\frac{4655}{6451224}$. 44) $\frac{693}{14384}$. 45) $\frac{385}{899}$.
46) $\frac{3553}{116870}$. 47) 1,2 mal. 48) 22,6 mal. 49) 76,2 mal. 50) 1,2 mal.
51) $\frac{1}{124}$. 52) $\frac{1}{62}$. 53) $\frac{26}{77}$. 54) 56,7 %.
56) $\frac{12_6 - 1}{2^{12} - 1} = \frac{923}{4095}$. 57) $\frac{572}{2448}$. 58) $\frac{27}{100}$. 59) $\frac{9}{100}$.
60) $\frac{12}{25}$. 61) $\frac{4}{25}$. 62) $\frac{3}{4}$. 63) $\frac{1}{4}$. 64) $\frac{7}{8}$.
66) $\frac{17}{32}$. 67) $\frac{5}{36}$. 68) $\frac{125}{1296}$. 69) $\frac{305}{1296}$. 70) $\frac{3125}{7776}$.
71) $\frac{4105}{46656}$. 75) 10 Kuriere. 76) $\frac{1}{16}$. 77) $\frac{1}{16}$.
78) $\frac{3}{8}$. 79) $\frac{5}{32}$. 80) $\frac{1792}{6561}$. 81) $\frac{205751}{262144}$.

82) Fast 47 %. 85) $\frac{12}{25}$. 86) $\frac{5}{8}$. 88) $\frac{25}{36}$.
89) $\frac{2}{3}$. 90) $\frac{63}{82}$. 91) $\frac{4}{5}$. 92) $\frac{21}{22}$. 93) $\frac{6}{7}$.
94) $\frac{4}{5}$. 96) $\frac{8}{9}$. 97) $\frac{1}{2}$. 98) $\frac{26}{49}$. 99) $\frac{275}{486}$.
100) Um $\frac{62}{625}$.

Achter Abschnitt.

§ 45.
Funktionen.

10) $\frac{6+x}{x^2-9}$. 11) $\frac{-5x^4+5}{2x^4-10x^3+x^2+5x}$.

§ 46.
Grenzwerte.

1) 0. 2) $\frac{3}{2}$. 3) $\frac{44}{3}$. 4) 16. 5) $2+\sqrt{2}$. 6) 4.
7) $\frac{49}{6}$. 10) $\frac{3}{4}$. 11) $\frac{4}{7}$. 12) $\frac{32}{3}$.
18) $\frac{7}{4}$. 19) 4. 20) $\frac{4}{3}$. 21) $\frac{3}{2}$. 22) $\frac{1}{4}$. 23) $\frac{7}{9}$.
24) $\sqrt{2}$. 25) $-\frac{2}{3}$. 26) $-\frac{4}{7}$.
29) 1. 30) $\frac{1}{2}$. 31) 0. 32) 0. 33) 1. 34) 1.
35) 1. 36) 1. 37) $\frac{\pi}{4}$.

§ 47.
Maxima und Minima.

7) $4x^3$. 8) $3x^2-1$. 9) $5x^4-6x^2+4$.
10) $-\frac{3}{x^2}$. 11) $\frac{1}{2\sqrt{x}}$. 12) $\frac{1}{3\sqrt[3]{x^2}}$.
13) $\cos x$. 14) $-\frac{4}{x^5}$. 15) $\frac{1}{\cos^2 x}$.
20) $x=3$, $y=48$ und $x=5$, $y=44$.
21) $x=0$ sowie $x=-\frac{1}{2}\pm\frac{1}{2}\sqrt{5}$. 22) $x=\frac{\pi}{4}$. 23) $x=\frac{1}{4}$.
24) $x=\sqrt{3}$.
25) Dasjenige Rechteck, dessen Ecken die Mitten der Quadratseiten sind.
26) Das rechtwinklige Dreieck.
27) Der Kegel, dessen Höhe $\frac{4}{3}$ vom Kugelradius ist.
28) Der Kegel, bei dem der Grundkreisradius $\sqrt{2+\sqrt{5}}$ mal so groß ist wie der Kugelradius.
29) Die Basiswinkel des gleichschenkligen Dreiecks müssen 45° betragen.
30) Die Höhe muß gleich dem Durchmesser sein.
31) $\frac{a^3}{216}$ *ccm*. 32) Noch $10\frac{2}{3}$ *m*. 33) Um $\frac{1}{4}$.

§ 48.
Konvergenz der Reihen.

2) 1. 3) 4. 4) $\frac{3}{4}$. 5) $\frac{1}{1-x}$. 6) $\frac{1}{1+x}$. 7) $\frac{1}{1-\frac{x}{2}}$.

8) Zwischen $\frac{3}{2}$ und $\frac{5}{2}$.
11) $-1 < x < +1$.
17) Unbedingt konvergent.
18) Unbedingt konvergent.
19) $-1 < x < +1$.
20) $-1 \leqq x < +1$.

§ 49.
Die Methode der noch unbestimmten Koeffizienten.

7) $1 + \frac{1}{3}x - \frac{1}{9}x^2 + \frac{5}{81}x^3 - \ldots$

8) $1 - \frac{1}{3}x + \frac{1 \cdot 4}{3 \cdot 6}x^2 - \frac{1 \cdot 4 \cdot 7}{3 \cdot 6 \cdot 9}x^3 + \ldots$

§ 50.
Die Exponentialreihen.

5) 7,389. 6) 1,649. 7) 0,368. 8) 0,135.
9) 0,779. 10) 2,303. 11) 4,605. 12) 0,347.
17) 128400 *cbm*. 18) 3,466 %.

§ 52.
Die logarithmischen Reihen.

Das erste Glied der Reihe heißt bei:

17) $\frac{1}{1681}$. 18) $\frac{1}{2737}$. 19) $\frac{1}{3697}$. 20) $\frac{1}{15841}$.
21) $\frac{1}{20401}$. 22) $\frac{1}{114241}$.

§ 53.
Die Arcustangensreihe und die Berechnung der Zahl π.

7) 6 Billionen 283185 Millionen 307179 *mm*.
8) 4188 Millionen 790204 *cbm* 786390 *ccm* und 984 bis 985 *cmm*.

§ 54.
Der binomische Lehrsatz für beliebige reelle Exponenten.

14) $\frac{1}{n}$.

Anhang.

§ 55.

Diophantische Gleichungen ersten Grades.

4) $x = 4, \quad y = 2.$ 5) $\begin{cases} x = 19 \\ y = 1 \end{cases} \left| \begin{matrix} 8 \\ 7 \end{matrix} \right| .$

6) $\begin{cases} x = 18 \\ y = 2 \end{cases} \left| \begin{matrix} 1 \\ 4 \end{matrix} \right| .$ 7) $\begin{cases} x = 14 \\ y = 9 \end{cases} \left| \begin{matrix} 4 \\ 18 \end{matrix} \right| .$

8) $\begin{cases} x = 1 \\ y = 16 \end{cases} \left| \begin{matrix} 3 \\ 13 \end{matrix} \right| \begin{matrix} 5 \\ 10 \end{matrix} \left| \begin{matrix} 7 \\ 7 \end{matrix} \right| \begin{matrix} 9 \\ 4 \end{matrix} \left| \begin{matrix} 11 \\ 1 \end{matrix} \right| .$ 9) $\begin{cases} x = 10 \\ y = 4 \end{cases} .$

10) $\begin{cases} x = 5 \\ y = 5 \end{cases} \left| \begin{matrix} 46 \\ 59 \end{matrix} \right| \begin{matrix} \ldots \\ \ldots \end{matrix}$ 11) $\begin{cases} x = 15 \\ y = 1 \end{cases} \left| \begin{matrix} 8 \\ 7 \end{matrix} \right| \begin{matrix} 1 \\ 13 \end{matrix} \right| .$ 12) $77 + 23.$

13) 10 und 64. 14) 26. 15) 4, 15, 26, ...

17) 4 und 3 Rosenstöcke. 18) 7 Flaschen Moselwein, 2 Rheinwein.

19) 2 Zwanzigmarkstücke und 19 Dreimarkstücke.

20) 12 Herren und 11 Damen.

21) Es sind 5 Möglichkeiten, von denen 10 zweiter Klasse, 66 dritter die eine ist.

25) $x = 1.$ 26) $x = 2.$ 27) $x = 3.$ 28) $x = 5.$

29) $x = 1.$ 30) $x = 1.$

31) 12 Männer, 7 Frauen, 20 Kinder ist eine der drei Lösungen.

32) 197 Mann. 33) 511 Schüler.

36) $10 + 18 + 72$ oder $25 + 27 + 48$ oder $40 + 36 + 24.$

37) Entweder 1 Gans, 4 Enten, 2 Hühner, 1 Taube
oder 2 Gänse, 1 Ente, 2 Hühner, 3 Tauben.

www.ingramcontent.com/pod-product-compliance
Lightning Source LLC
LaVergne TN
LVHW091731021026
849161LV00003BB/561